电力变压器状态检修实践探索

李宪栋 李 杰 唐新文 蔡 路 编著

黄河水利出版社
·郑州·

内 容 提 要

电力变压器状态检修实施包括状态评估和相应的状态检修策略选择两大环节。状态评估方法是基础,状态评估体系是关键。本书在对当前变压器状态评估方法及评估体系分析研究的基础上,设计了电力变压器状态评估模型,探讨了电力变压器状态评估中的指标选择、状态量融合和状态标准确定等问题,并提出了状态评估结论可靠性判断问题的解决方案。在此基础上结合小浪底电站主变压器实际情况,对提出的变压器状态评估模型及方法进行了验证,结果表明了提出的模型和评估分析方法的可行性。最后,对变压器状态检修的检修体制、检修方式、检修管理、状态检测评价技术及检修决策进行了探讨。

本书可供从事电力设备运行检修的生产管理人员、技术人员学习,也可以为从事电力设备状态评估及诊断的研究人员提供参考。

图书在版编目(CIP)数据

电力变压器状态检修实践探索/李宪栋等编著. —郑
州:黄河水利出版社,2020. 11
ISBN 978-7-5509-2864-0

Ⅰ.①电… Ⅱ.①李… Ⅲ.①电力变压器-检修
Ⅳ.①TM410. 7

中国版本图书馆 CIP 数据核字(2020)第 234466 号

组稿编辑:田丽萍 电话:0371-66025553 E-mail:912810592@ qq. com

出 版 社:黄河水利出版社 网址:www. yrcp. com
地址:河南省郑州市顺河路黄委会综合楼 14 层 邮政编码:450003
发行单位:黄河水利出版社
发行部电话:0371-66026940、66020550、66028024、66022620(传真)
E-mail:hhslcbs@ 126. com
承印单位:广东虎彩云印刷有限公司
开本:787 mm×1 092 mm 1/16
印张:9
字数:250 千字
版次:2020 年 11 月第 1 版 印次:2020 年 11 月第 1 次印刷
定价:50. 00 元

前　言

电力设备状态检修是在电力市场环境下发变电企业改进资产管理、提高经济效益的较好选择。状态检修实施需要状态评估技术和相应的检修管理决策体系作支撑。电力变压器状态评估技术是开展较早的技术，从最初的离线试验到在线监测，设备状态信息采集技术日益完善，同时对采集数据的处理、分析和整理工作得以深入开展，进而利用这些信息实现对变压器状态的判断，为变压器状态检修决策提供支持，这些都促进了变压器状态检修技术逐步走向完善和成熟。

本书围绕电力变压器状态检修中的关键技术进行了论述，重点关注了在现场实施状态检修过程中需要解决的问题。首先是状态评估方法，即如何收集变压器状态评估信息及处理这些信息，根据信息采集标准进行数据的采集和预处理是基础。其次是状态评估体系，即应该收集哪些信息，建立一套比较完整的、有效的指标体系是实施状态评估的前提。其中，状态评估结论的可靠性问题是关键。如何判别状态评估结论的可靠性是笔者在实践中思考和探索的问题。采用不同方法对同一对象进行判断，比较结果的一致性是可以参考的方法。本书中针对在线监测的可靠性及状态评估结果的可靠性均采用了此方法。

本书共分为6章：第1章对当前的变压器状态评估方法进行了分析和梳理；第2章对变压器状态评估体系进行了理论分析；第3章试着建立了一套比较实用的变压器状态评估指标体系；第4章对变压器油气在线监测系统应用实践进行了介绍；第5章结合小浪底工程主变压器实际，对本书中的变压器状态评估指标体系和方法进行了验证；第6章对变压器状态检修实施中的管理和技术体系进行了探讨。

本书由李宪栋、李杰、唐新文和蔡路共同编著。其中，李宪栋完成了第1章、第3章3.3及3.4节、第5章5.4节的编写，李杰完成了第2章和第6章6.1及6.2节的编写，唐新文完成了第4章的编写，蔡路完成了第3章3.1及3.2节、第5章5.1~5.3节和第6章6.3~6.5节的编写。全书由李宪栋统稿。

本书在编写过程中得到了黄河水利水电开发总公司水工部和检修部的大力支持，同时参考了有关单位和个人的文献和著作，并得到了许多同事的帮助，笔者在此向他们表示诚挚的感谢和崇高的敬意！

限于笔者水平，书中难免有疏漏之处，敬请广大读者批评指正。

作　者

2020 年 7 月

目　录

前　言
第1章　电力变压器状态评估方法 ················ （1）
　1.1　变压器状态评估方法 ················ （2）
　1.2　变压器状态评估模型 ················ （18）
　1.3　指标权重确定方法 ················ （20）
　1.4　变压器状态评估变量模型 ················ （25）
　参考文献 ················ （27）
第2章　电力变压器状态评估体系 ················ （30）
　2.1　油纸绝缘系统状态评估 ················ （30）
　2.2　变压器健康指数 ················ （46）
　参考文献 ················ （54）
第3章　电力变压器状态评估模型设计 ················ （56）
　3.1　监测指标体系设计 ················ （56）
　3.2　状态标准的确定 ················ （63）
　3.3　综合评估 ················ （65）
　3.4　不确定性的处理 ················ （65）
　参考文献 ················ （66）
第4章　油中溶解气体在线监测应用实践 ················ （67）
　4.1　变压器绝缘劣化在油中的反应 ················ （67）
　4.2　变压器油中溶解气体在线监测关键技术环节分析 ················ （72）
　4.3　光声光谱油中溶解气体在线监测技术 ················ （78）
　4.4　变压器油中溶解气体在线监测系统网络技术方案 ················ （84）
　4.5　在线监测系统运行稳定性分析 ················ （90）
　4.6　在线监测系统采集数据准确性分析 ················ （92）
　参考文献 ················ （101）
第5章　变压器状态评估实践 ················ （103）
　5.1　小浪底电站主变压器基本情况 ················ （103）
　5.2　基于层次分析法模型的变压器状态评估 ················ （105）
　5.3　基于健康指数的变压器状态评估 ················ （109）
　5.4　综合分析 ················ （115）
　参考文献 ················ （116）

第6章　变压器状态检修探索 ……………………………………………（118）

　　6.1　检修方式与检修体制 …………………………………………（118）

　　6.2　状态检修管理 …………………………………………………（121）

　　6.3　状态检测技术 …………………………………………………（124）

　　6.4　状态评价技术 …………………………………………………（128）

　　6.5　检修决策 ………………………………………………………（131）

　　参考文献 ……………………………………………………………（136）

第1章　电力变压器状态评估方法

电力变压器是电力系统的重要设备,其运行状态和可靠性对于电力系统的安全稳定运行有着重要意义。随着电力系统改革的进行,电力企业加强电力设备管理、提高设备利用率成为必然趋势。对电力变压器状态进行评估是提高设备利用率和实施设备状态检修的基本要求和手段。对电力变压器设备状态进行评估,根据设备状态采取延长设备检修周期、必要时提前准备替代设备的管理模式是克服传统的定期检修模式弊端、提升设备管理水平的需要。

电力变压器状态评估是一个多因素综合模糊分析的问题,需要考虑变压器的运行工况、预防性试验、缺陷、维修情况和故障历史等多方面信息。在这些信息中,有些可以进行量化,有些需要借助人工经验进行模糊判断。现行的主要手段是借助运行资料和监测试验结果,根据有关规程规定进行判断。规程是专家经验的积累,在判断设备状态、发现设备缺陷方面具有积极意义,但是现行的规程侧重于对设备是否异常或故障的判断,不便于对设备状态进行划分,更没有针对设备状态等级采取分级管理的措施。现行的变压器状态监测手段以离线试验为主,正在向更能准确反映设备运行状态的不停电监测模式过渡。这种过渡过程受技术进步及其接受过程的影响而变化。在电力变压器状态评估过程中,完成信息的采集及初步处理后,还需要将多个信息进行综合处理,得出用来进行状态评估的有效信息。

变压器状态评估是变压器状态检修的基础工作,变压器故障诊断是状态评估的特例。变压器状态评估需要制定状态分级标准和选择合适的评估指标体系。评估指标体系的建立要满足敏感性、可靠性、可行性和经济性。评估指标体系中要包含各监测指标对应的变压器状态判断值,以及各监测指标的权重和融合处理标准。在变压器状态评估过程中,选择合适的状态变量、构建可靠实用的模型和采用合理的推理判断方法是关键。选择的状态变量要具有代表性且对状态变化比较敏感,最重要的是要便于在线监测。变压器评估可分为定性评估和定量评估。定量评估需要制定量化规则,需要确定各指标在状态评估中的权重。权重的确定直接影响评估结论,是一个需要逐步优化的过程。权重的确定正在经历由专家主观确定向反映监测指标对设备状态评估影响大小的客观信息确定的转变。综合处理各状态指标信息来判断变压器状态需要建立一个合适的模型。多信息融合处理模型是目前的主流模型,此类模型能处理各信息对综合评估的影响及指标之间的关系。为了提高状态评估的可靠性,评估模型建立后一般要先用历史数据(最好包含故障信息)对模型进行训练,对模型参数进行优化。常用的参数优化算法包括遗传算法和粒子群算法。在参数优化的基础上,再结合在线监测、电气试验等状态信息对变压器状态进行评估。

变压器状态评估包括横向评估和纵向评估两部分,横向评估是指变压器在某一时间节点时健康状况的评估,纵向评估是指对变压器所处生命周期时间点的评估。横向评估一般将变压器分为正常、注意、异常和故障状态,是对变压器可靠性的一种评估。纵向评估是对变压器老化的一种评估,一般是对变压器剩余经济寿命的预测。变压器状态评估实践中先定性分析状态变化程度,即是突变状态还是渐变状态。若是突变状态则需要进一步诊断具体故障类型和部位,制订检修方案。突变状态的处理一般由保护装置将变压器退出运行,然后进行进一步的检查处理。渐变状态只是对变压器状态的缓慢变化做出提示,需要结合监测指标进一步判断,以确定相应的运行管理措施和检修周期调整措施。

虽然状态检修的理念已经提出多年,但在实际应用中的推广却比较缓慢。这与变压器状态判断理论及运行管理单位的接受过程有关。作者试着对变压器状态评估有关理论进行整理分析,探讨适合企业实施操作的变压器状态评估体系和标准,并对变压器状态评估实践进行总结。

1.1 变压器状态评估方法

变压器状态评估方法是综合处理各类监测评估信息的方法,包括多信息的融合方法及特征信息的识别判断方法。常见的多信息融合方法包括模糊综合评价法、层次分析法、D-S证据推理法等;常见的特征信息识别判断方法主要是指人工智能技术的应用,包括贝叶斯网络法、神经网络法、支持向量机法等。

1.1.1 模糊综合评价法

1965年,美国伯克利加利福尼亚大学电机工程与计算机科学系教授、自动控制专家L. A. Zadeh 在文章《模糊集》中第一次用数学方法描述了模糊的概念,这成为模糊数学诞生的标志。北京师范大学数学系汪培庄将模糊数学引向具体应用。模糊综合评价法用属程度来代替属于、不属于,提供了一种中间状态。

模糊综合评价法首先确定被评价对象因素(指标)集合评价(等级)集;其次分别确定每个因素的权重及其隶属度矢量,获得模糊评判矩阵;最后把模糊评判矩阵与因素的权矢量进行模糊运算并进行归一化,得到模糊综合评判结果。综合评判的目的是要从对象集中选出优胜对象,因此要对每个对象进行评价,且此评价不受对象所处集合的影响。由于评判对象受多个因素影响,因此称为综合评判。

模糊综合评判的数学模型由三个要素组成,分别是评价对象因素集 U、评语集 V 和模糊惯性矩阵 R。模糊评判决策过程主要有四个步骤。首先确定被评价对象因素集。假设

$U = \{U_1, U_2, \cdots, U_m\}$，$m$ 是评价因素的个数，由具体的指标体系决定。为便于权重分配和评议，可以把评价因素按属性分成若干类，每一类都视为单一评价因素，并称为第一级评价因素。第一级评价因素又可设置下一级评价因素（第二级评价因素），依此类推。每个类都为有限集且不交并。因素集就可以表示为 $U = U_1 \cup U_2 \cup \cdots \cup U_s$，$U_i = \{U_{i1}, U_{i2}, \cdots, U_{im}\}$，$U_i \cap U_j = \Phi$。然后确定评语集，即对被评价对象可能作出的各种评价结果组成的评语等级的集合，可以表示为 $V = \{v_1, v_2, \cdots, v_n\}$，$n$ 为总的评价结果个数，一般为 3~5 个。接下来确定评价因素的权重向量 A。可以表示为 $A = \{a_1, a_2, \cdots, a_i\}$，其中 a_i 表示第 i 个因素的权重，$a_i > 0$，且 $\sum a_i = 1$。通常权重凭经验给出，带有主观性。权重的分配决定了最终的评价结果。确定权重的方法有专家估计法、德尔菲（专家调查）法和特征值法。当专家人数不足 30 人时，可以用加权平均法确定权重。先由各专家给出权重，然后取平均值作为选择的权重。当专家人数超过 30 人时，可以用频率分布确定权重。分组并计算频率，取最大频率所在组中的组中值为其权重。其他权重确定方法还包括模糊协调决策法和模糊关系方程法。美国运筹学家撒丁在 20 世纪 70 年代提出了采用层次分析法确定权重的方法。根据问题分析分为目标层、准则层和方案层，然后利用两两比较的方法确定决策方案的重要性，得到决策方案相对于目标层重要性的权重。这样就可以对单因素进行模糊评价，从而确立模糊关系矩阵 R。单因素模糊评价是从一个因素出发确定评价对象对评价集合的隶属程度。

　　一个对象在某一因素方面的表现通过模糊矢量 r 来表示，这是因素集和评价集之间的模糊关系表示。模糊矢量组成了模糊关系矩阵 R。在此基础上可以完成多指标综合评价，即利用合适的模糊合成算子将模糊权矢量 A 与模糊关系矩阵 R 合成得到被评价对象的模糊综合评价结果矢量 B。

　　模糊综合评价的模型为

$$B = A \cdot R = (a_1, a_2, \cdots, a_i)[r_{11}\ r_{12} \cdots r_{1n}] = (b_1, b_2, \cdots, b_n)$$

　　处理模糊综合评价矢量 B 通常有两种方法：最大隶属度原则和加权平均原则。最大隶属度原则就是取其中的最大值，加权平均原则则考虑各等级的相对位置，将其连续化。用 $1, 2, \cdots, m$ 表示各等级，并称其为各等级的秩。然后用 B 中对应分量将各等级的秩加权求和，得到被评价对象的相对位置，其表达式如下

$$A = \frac{\sum_{j=1}^{n} b_j k j}{\sum_{j=1}^{n} b_j k} \tag{1-1}$$

式中　k——控制较大 b_j 作用的待定系数。

　　模糊矢量的确定通常由专家或与评价问题相关的专业人员依据评判等级对评价对象打分，然后统计打分结果，再根据绝对值减数法求得，可以参考式（1-2）。

$$r_{ij} = \begin{cases} 1 & (i = j) \\ 1 - c \sum_{k=1}^{m} |x_{ik} - x_{jk}| & (i \neq j) \end{cases} \tag{1-2}$$

适当选取 c 的值,使得 $0 \leqslant r \leqslant 1$。

常用的模糊合成运算算子有以下四种:

(1)M($\wedge$, $\vee$):

$$b_j = \bigvee_{i=1}^{m} (a_i \wedge r_{ij}) = \max_{1 \leqslant i \leqslant m} \{ \min(a_i, r_{ij}) \}, j = 1, 2, \cdots, n 。$$

(2)M($\bullet$, $\vee$):

$$b_j = \bigvee_{i=1}^{m} (a_i, r_{ij}) = \max_{1 \leqslant i \leqslant m} \{ a_i, r_{ij} \}, j = 1, 2, \cdots, n 。$$

(3)M($\wedge$, $\oplus$):

$$b_j = \min \{ 1, \sum_{i=1}^{m} \min(a_i, r_{ij}) \}, j = 1, 2, \cdots, n 。$$

(4)M($\bullet$, $\oplus$):

$$b_j = \min(1, \sum_{i=1}^{m} a_i r_{ij}), j = 1, 2, \cdots, n 。$$

在上述四种模糊合成运算中,M($\bullet$, $\vee$)、M($\bullet$, $\oplus$)体系权重明显,M($\wedge$, $\oplus$)、M($\bullet$, $\oplus$)综合程度强。在利用 R 信息的程度上,M($\wedge$, $\vee$)、M($\bullet$, $\vee$)不充分,M($\wedge$, $\oplus$)比较充分,M($\bullet$, $\oplus$)充分。前两种运算 M($\wedge$, $\vee$)、M($\bullet$, $\vee$)属于主因素突出型,后两种运算属于加权平均型。

模糊评价的结果是各评价对象对各等级模糊子集的隶属度,它一般是一个模糊矢量,而不是一个点值,因而它提供的信息比其他方法更丰富。对多个评价对象比较并排序,就需要进一步处理,即计算每个评价对象的综合分值,按大小排序,按序择优。

模糊综合分析法用于变压器状态评估,解决了变压器状态的分级问题和对变压器多种监测信息的融合处理问题,是建立变压器状态评估模型的基础。

1.1.2　层次分析法

层次分析法由 T. L. Saaty 在 20 世纪 70 年代提出,是解决多目标决策问题的定性和定量结合分析方法。所谓层次分析法(AHP),是指将一个复杂的多目标决策问题作为一个系统,将目标分解为多个目标或准则,进而分解为多指标(或准则、约束)的若干层次,通过定性指标模糊量化方法算出层次单排序(权数)和总排序,作为目标(多指标)、多方案优化决策的系统方法。层次分析法用于综合评价中的决策问题,包括建立层次结构模型、构造判断(成对比较)矩阵、层次单排序及其一致性检验和层次总排序及其一致性检验四大步骤。

构建层次结构模型就是将决策的目标、考虑的因素(决策准则)和决策对象按照它们之间的相互关系分为最高层、中间层和最底层,绘出层次结构图。一般层次结构图包括目标层、准则层和方案层。相邻的两层中称高层为目标层,低层为因素层。判断矩阵是表示各层间因素相互关系的量化矩阵,矩阵元素为本层所有因素针对上一层某一个因素的相对重要性的比较值。构成判断矩阵的相对重要性指标采用两两重要性程度之比来表示。

两两重要性程度之比表示两个方案的相应重要性程度等级。两因素的重要性之比是指按照某一准则对各方案进行两两对比,并按其重要性程度评定等级。判断矩阵的元素数值可以根据 SANTY 的 9 度表征方法确定,具体标度方法见表 1-1。

表 1-1　比例标度

因素 i 比因素 j	量化值
同等重要	1
稍微重要	3
较强重要	5
强烈重要	7
极端重要	9
两相邻判断的中间值	2、4、6、8

层次单排序是确定同一层次因素对于上一层次因素中某一因素重要性的排序权值。这一过程通过计算权重向量来实现。权重向量就是判断矩阵的最大特征根 λ_{max} 对应的特征向量 ω 归一化(使向量各元素的和为1)处理后的向量。层次单排序的确认需要通过一致性检验。定义一致性指标 CI 和一致性比率 CR 如下

$$CI = \frac{\lambda_{max} - N}{N - 1} \tag{1-3}$$

$$CR = \frac{CI}{RI} \tag{1-4}$$

CI 越小,说明一致性越大。考虑到一致性的偏离可能是由于随机原因造成的,因此在检验判断矩阵是否具有满意的一致性时,还需将 CI 和平均随机一致性指标 RI 进行比较,得出检验系数 CR。如果 $CR<0.1$,则认为该判断矩阵通过一致性检验,否则就不具有满意一致性。其中,随机一致性指标 RI 和判断矩阵的阶数有关,一般情况下,矩阵阶数越大,则出现一致性随机偏离的可能性也越大,其对应关系参见表 1-2。当 $CR<0.1$ 时,认为一致性可以接受,可以根据权重向量确定层次单排序。判断矩阵满足一致性的条件下求取权值的方法有和法和根法。和法(规范列平均法)是取列向量的算术平均,即对判断矩阵列向量进行归一化处理,再求每行元素的和得到的列向量。根法(几何平均法)是计算矩阵 A 各行各个元素的乘积,得到一个 n 行一列的矩阵 B;再计算矩阵每个元素的 n 次方根得到矩阵 C;对矩阵 C 进行归一化处理得到矩阵 D;该矩阵 D 即为所求权重向量。需要注意的是,当判断矩阵不满足一致性时,用和法和根法计算权重向量则很不精确。层次总排序是指计算某一层次所有因素对于最高层目标的相对重要性的权值。这一过程从最高

层次开始,逐层向下进行。

表 1-2　平均随机一致性指标 *RI* 标准值

矩阵阶数	1	2	3	4	5	6	7	8	9	10
RI	0	0	0.58	0.90	1.12	1.24	1.32	1.41	1.45	1.49

　　层次分析法不仅原理简单,而且具有扎实的理论基础,是定量与定性方法相结合的优秀的决策方法,特别适用于定性因素起主导作用的决策问题。层次分析法把研究对象作为一个系统,按照分解、比较判断、综合的思维方式进行决策,成为继机理分析、统计分析之后发展起来的系统分析的重要工具。系统的思想在于不割断各个因素对结果的影响,而层次分析法中每一层的权重设置最后都会直接或间接地影响结果,而且在每个层次中的每个因素对结果的影响程度都是量化的,非常清晰、明确。这种方法尤其适用于对无结构特性的系统评价及多目标、多准则、多时期等的系统评价。这种方法既不单纯追求高深数学,又不片面地注重行为、逻辑、推理,而是把定性方法与定量方法有机地结合起来,使复杂的系统分解,能将人们的思维过程数学化、系统化,便于人们接受,且能把多目标、多准则又难以全部量化处理的决策问题化为多层次单目标问题,通过两两比较确定同一层次元素相对上一层次元素的数量关系,最后进行简单的数学运算。即使是具有中等文化程度的人也可了解层次分析的基本原理和掌握它的基本步骤,其计算也很简便,并且所得结果简单明确,容易为决策者了解和掌握。层次分析法主要是从评价者对评价问题的本质、要素的理解出发,比一般的定量方法更讲求定性的分析和判断。

　　由于层次分析法是一种模拟人们决策过程的思维方式的一种方法,它把判断各要素的相对重要性的步骤留给了大脑,只保留人脑对要素的印象,化为简单的权重进行计算。这种思想能处理许多用传统的最优化技术无法着手的实际问题。层次分析法也存在一些局限性。首先,层次分析法的作用是从备选方案中选择较优者。这个作用正好说明了层次分析法只能从原有方案中进行选取,而不能为决策者提供解决问题的新方案。这样,我们在应用层次分析法的时候,可能就会有这样一个情况,就是我们自身的创造能力不够,造成了我们尽管在想出来的众多方案里选了一个最好的出来,但其效果仍然不够企业所做出来的效果好。而对于大部分决策者来说,如果一种分析工具能替他们分析出在他们已知的方案里的最优者,然后指出已知方案的不足,又或者甚至再提出改进方案的话,这种分析工具才是比较完美的。但显然,层次分析法还没能做到这点。其次,在如今对科学方法的评价中,一般都认为科学需要比较严格的数学论证和完善的定量方法。但现实世界的问题和人脑考虑问题的过程很多时候并不是能简单地用数字来说明一切的。层次分析法是一种带有模拟人脑的决策方式的方法,因此必然带有较多的定性色彩。当我们希望能解决较普遍的问题时,指标的选取数量很可能也就随之增加。这就像在系统结构理论里,要分析一般系统的结构,就要搞清楚关系环,就要分析到基层次,而要分析到基层次上的相互关系时,要确定的关系就非常多了。指标的增加就意味着我们要构造层次更深、数量更多、规模更庞大的判断矩阵。那么我们就需要对许多指标进行两两比较。由于一般情况下我们对层次分析法的两两比较是用 1 至 9 来说明其相对重要性,如果有越来越多的指标,我们对每两个指标之间的重要程度的判断可能就出现困难了,甚至会对层次单排序和总排序的一致性产生影响,使一致性检验不能通过。也就是说,由于客观事物的复杂性或对事物认识的片面性,通过所构造的判断矩阵求出的特征向量(权值)不一定是合理的。不能通过,就需要调整,在指标数量多的时候这是个很痛苦的过程,因为根据人的思维定势,你觉得这个指标应该比那个重要,那么就比较难调整过来,同时也不容易发现指标相对重要性的取值里到底是哪个有问题,哪个没问题。这就可能花了很多时间,仍然不能通过一致性检验,而更糟糕的是根本不知道哪里出现了问题。也就是说,层次分析法没有办法指出我们的判断矩阵里哪个元素出了问题。最后,在求判断矩阵的特征值和特征向量时,所用的方法和多元统计所用的方法是一样的。在二阶、三阶的时候,我们还比较容易处理,但随着指标的增加,阶数也随之增加,在计算上也变得越来越困难。不过幸运的是这个缺点比较好解决,我们有三种比较常用的近似计算方法:第一种是和法,第二种是幂法,还有一种常用方法是根法。

需要注意的是,如果所选的要素不合理,其含义混淆不清,或要素间的关系不正确,都会降低层次分析法的结果质量,甚至导致层次分析法决策失败。为保证递阶层次结构的合理性,需把握以下原则:首先分解简化问题时把握主要因素,不漏不多;其次注意相比较元素之间的强度关系,相差太悬殊的要素不能在同一层次比较。

层次分析法将多种信息构成的多层次、多目标评估综合为单目标评估问题,实现了变压器状态评估中的多信息融合,借助包含基于此方法的信息权重的处理及权重的优化处理,使得对变压器状态的评估更加准确。

1.1.3　D-S 证据推理

证据理论是 Dempster 于 1967 年首先提出的,由他的学生 Shafer 于 1976 年进一步发展起来的一种不精确推理理论,也称为 Dempster/Shafer 证据理论(D-S 证据理论),属于人工智能范畴,最早应用于专家系统中,具有处理不确定信息的能力。作为一种不确定推理方法,证据理论的主要特点是:满足比贝叶斯概率论更弱的条件;具有直接表达"不确定"和"不知道"的能力。

在 D-S 证据理论中,由互不相容的基本命题(假定)组成的完备集合称为识别框架,表示对某一问题的所有可能答案,但其中只有一个答案是正确的。该框架的子集称为命题。分配给各命题的信任程度称为基本概率分配(BPA,也称 m 函数),$m(A)$ 为基本可信数,反映着对 A 的信度大小,即现有证据支持 A 事件为"真"的程度。信任函数 $Bel(A)$ 表示对命题 A 的信任程度,似然函数 $Pl(A)$ 表示对命题 A 非假的信任程度,也即对 A 似乎可能成立的不确定性度量,实际上,$[Bel(A),Pl(A)]$ 表示 A 的不确定区间,$[0,Bel(A)]$ 表示命题 A 支持证据区间,$[0,Pl(A)]$ 表示命题 A 的拟信区间,$[Pl(A),1]$ 表示命题 A 的拒绝证据区间。设 m_1 和 m_2 是由两个独立的证据源(传感器)导出的基本概率分配函数,则 Dempster 组合规则可以计算这两个证据共同作用产生的反映融合信息的新的基本概率分配函数。以此类推,可以实现对多个信息证据的融合处理,得出证据对待判断事件的支持度。

当有两个及以上的证据对同一子集或对两个交不为空的子集分配信任度时,就产生了冗余信息的处理问题,即信任函数的组合。D–S 证据理论给出以下合并规则

$$m(C) = \begin{cases} 0 & (C = \varnothing) \\ k \sum_{A \cap B = C} m_1(A) m_1(B) & (C \neq \varnothing) \end{cases} \tag{1-5}$$

式中:k 为规范系数,且

$$k = \left[1 - \sum_{A \cap B = \varnothing} m_1(A) m_2(B) \right]^{-1} = \left[\sum_{A \cap B \neq \varnothing} m_1(A) m_2(B) \right]^{-1} \tag{1-6}$$

式中,$m(C)$ 也记为 $m_1 \oplus m_2$。k 能描述证据信息的冲突特性,当 $A \cap B = \varnothing$ 时,证据 A、B 的信任函数分别给两个不相容的命题赋予了信任度,此时 k 为无穷大,也就是说证据 A、B 的信任函数所对应的证据在这个问题上发生了冲突。多个证据的结合可以从两个证据结合的情况得到推广,即多个证据的结合可以从两个证据结合的计算推广得到。

证据推理用于处理变压器状态评估中的不确定信息问题。变压器状态评估中存在的化学分析、电气试验等多种评估信息可能得出不一致的结论,证据推理及其改进方法可以用来解决此类问题,给出对这些信息评估结论的综合处理方法。

1.1.4 灰靶理论

灰色系统理论是我国华中理工大学(现华中科技大学)邓聚龙教授在 1982 年提出的,它是系统思想的一种深化和发展。该理论和方法广泛地应用于不同学科、不同领域的研究中,获得了许多可喜的成果,为工程界的很多问题提供了新解。这是一门研究信息部分清楚、部分不清楚并带有不确定性现象的应用数学学科。大部分传统的系统理论研究的是那些信息比较充分的系统。利用黑箱的方法处理一些信息比较贫乏的系统也取得了较为成功的经验。但是,对一些内部信息部分确知、部分不确知的系统却研究得很不充分,这一空白区便成为灰色系统理论的诞生地。因此,灰色系统理论主要研究的就是"外延明确,内涵不明确"的"小样本,贫信息"问题。在客观世界中,大量存在的不是白色系统(信息完全明确),也不是黑色系统(信息完全不明确),而是灰色系统,因此灰色系统理论以这种大量存在的灰色系统为研究对象而获得进一步发展。

灰色系统理论认为,系统是否会出现信息不完全的情况取决于认识的层次、信息的层次和决策的层次,低层次系统的不确定量是相对高层次系统的确定量,要充分利用已知的信息去揭示系统的规律。灰色系统理论在相对高层次上处理问题,其视野较为宽广。灰色系统理论认为应从事物的内部结构和参数去研究系统。灰色系统理论认为,社会、经济等系统一般会存在随机因素的干扰,这给系统分析带来了很大困难,但灰色系统理论把随机量看作是在一定范围内变化的灰色量。尽管存在着无规则的干扰成分,经过一定的技

术处理总能发现它的规律性。灰色系统用灰色数、灰色方程、灰色矩阵、灰色群等来描述，突破了原有方法的局限，更深刻地反映了事物的本质。用灰色系统理论研究社会经济系统的意义在于一反过去那种纯粹定性的描述方法，把问题具体化、量化，从变化规律不明显的情况中找出规律，并通过规律去分析事物的变化和发展。例如人体本身就是一个灰色系统，身高、体重、体型等是已知的、可测量的，属于白色系统，而特异功能、穴位机制、意识流等又是未知的、难以测量的，属黑色系统，介于此间便属灰色系统。体育领域也是一个巨大的灰色系统，可以用灰色系统理论来进行研究。

灰色系统理论可以用来处理部分信息已知的变压器状态评估问题。灰色系统理论要确定等级、灰数和白化函数。灰数表示指标对应的等级，灰数中的数值表示评分分布的区间，中间值表示该灰类的最佳值。根据白化函数确定指标灰类的灰色评估系数，进而计算灰类的灰色评估权。灰色评估权是各灰色评估系数与系数总和的比例。

灰靶理论是灰评估和灰决策理论。在没有标准模式的条件下设定一个灰靶，通过灰靶理论找到靶心，将各个模式与标准模式比较，根据等级划分确定评估等级。标准模式由模式序列中最靠近命题信息域中子命题目标值的数据组成。标准模式与其他模式共同组成以标准模式为靶心的灰靶。按子命题含义，远离靶心的模式为靶边。靶心度用来表示灰关联差异信息空间模式与靶心的接近程度，是模式识别、模式分级和模式优选的依据。

灰靶理论用于变压器状态评估过程，包括建立标准模式、靶心度计算和等级划分。标准模式 ω_0 的选择与指标的极性有关。指标的极性一般分为极大值极性 POL(max)、极小值极性 POL(min) 和适中值极性 POL(mea)。用 ω_i 表示第 i 个状态模式，$\omega(k)$ 表示指标模式序列，则选择标准模式 $\omega_0(k)$ 的原则可以表示为：当 POL($\omega(k)$) = POL(max) 时，$\omega_0(k)$ = max($\omega_i(k)$)；当 POL($\omega(k)$) = POL(min) 时，$\omega_0(k)$ = min($\omega_i(k)$)；当 POL($\omega(k)$) = POL(mea) 时，$\omega_0(k)=u_0$(指定值)或 avg($\omega_i(k)$)。靶心度是某一模式偏离靶心的程度，是各靶心系数的加权平均值。把标准模式设为靶心，先进行统一测度变换，记为 T。

设 $T(\omega_0)=x_0=(x_0(1),x_0(2),\cdots,x_0(n))=(1,1,\cdots,1)$，则 $T(\omega_i(k))=\dfrac{\min\{\omega_i(k),\omega_0(k)\}}{\max\{\omega_i(k),\omega_0(k)\}}=x_i(k)$，$x_i(k)\in[0,1]$。

靶心系数的计算式为

$$\gamma(x_0(k),x_i(k))=\frac{\min\min\delta_{0i}(k)+\rho\max\max\delta_{0i}(k)}{\delta_{0i}(k)+0.5\max\max\delta_{0i}(k)} \tag{1-7}$$

式中：$\delta_{0i}(k)=|x_i(k)-x_0(k)|=|x_i(k)-1|$，$x_0(k)\in x_0$；$\rho$ 表示决策者的决心，取值0.5。传统的灰靶理论是取各靶心系数的平均值作为靶心度，改进的用于变压器状态评估的灰靶理论利用灰贡献度(灰度系数与平均值的偏差与均值的比值)、层次分析法和熵权法来确定各指标的权重。根据计算的靶心度可能分布的区间来划分变压器状态的等级。按照最小信息原理，当 $\rho=0.5$ 时，靶心度不小于0.3333，故靶心度小于0.3333的舍去。根据权重计算方式的不同，计算出的靶心度含义也不同，一般将设备状态划分为正常、注意、异

常和严重等四到五个状态。

1.1.5 贝叶斯网络法

在日常生活中,人们往往进行常识推理,而这种推理通常是不准确的。例如,你看见一个头发潮湿的人走进来,你认为外面下雨了,那你也许错了;如果你在公园里看到一男一女带着一个小孩,你认为他们是一家人,你可能也犯了错误。在工程中,我们也同样需要进行科学合理的推理。但是,工程实际中的问题一般都比较复杂,而且存在着许多不确定性因素。这就给准确推理带来了很大的困难。很早以前,不确定性推理就是人工智能的一个重要研究领域。尽管许多人工智能领域的研究人员引入其他非概率原理,但是他们也认为在常识推理的基础上构建和使用概率方法也是可能的。为了提高推理的准确性,人们引入了概率理论。最早由 Judea Pearl 于 1988 年提出的贝叶斯网络(Bayesian Network)实质上就是一种基于概率的不确定性推理网络。它是用来表示变量集合连接概率的图形模型,提供了一种表示因果信息的方法。当时主要用于处理人工智能中的不确定性信息。随后它逐步成为处理不确定性信息技术的主流,并且在计算机智能科学、工业控制、医疗诊断等领域的许多智能化系统中得到了重要的应用。

贝叶斯网络又称信度网络,是 Bayes 方法的扩展,是目前不确定知识表达和推理领域最有效的理论模型之一。贝叶斯网络本身是一种不定性因果关联模型。贝叶斯网络与其他决策模型不同,它本身是将多元知识图解可视化的一种概率知识表达与推理模型,更为贴切地蕴含了网络节点变量之间的因果关系及条件相关关系。贝叶斯网络具有强大的不确定性问题处理能力。贝叶斯网络用条件概率表达各个信息要素之间的相关关系,能在有限的、不完整的、不确定的信息条件下进行学习和推理。贝叶斯网络能有效地进行多源信息表达与融合。贝叶斯网络可将故障诊断与维修决策相关的各种信息纳入网络结构中,按节点的方式统一进行处理,能有效地按信息的相关关系进行融合。

一个贝叶斯网络是一个有向无环图(Directed Acyclic Graph,DAG),由代表变量节点及连接这些节点的有向边构成。节点代表随机变量,节点间的有向边代表了节点间的互相关系(由父节点指向其子节点),用条件概率进行表达关系强度,没有父节点的用先验概率进行信息表达。节点变量可以是任何问题的抽象,例如测试值、观测现象、意见征询等。适用于表达和分析不确定性和概率性的事件,应用于有条件地依赖多种控制因素的决策,可以从不完全、不精确或不确定的知识或信息中做出推理。

贝叶斯网络的建立是一个复杂的任务,需要知识工程师和领域专家的参与。在实际中可能是反复交叉进行而不断完善的。面向设备故障诊断应用的贝叶斯网络的建立所需要的信息来自多种渠道,例如设备手册、生产过程、测试过程、维修资料及专家经验等。首先将设备故障分为各个相互独立且完全包含的类别(各故障类别至少应该具有可以区分的界限),然后对各个故障类别分别建造贝叶斯网络模型,需要注意的是诊断模型只在发生故障时启动,因此无需对设备正常状态建模。通常设备故障是由一个或几个原因造成的,这些原因又可能由一个或几个更低层次的原因造成。建立起网络的节点关系后,还需要进行概率估计。具体方法是假设在某故障原因出现的情况下,估计该故障原因的各个节点的条件概率,这种局部化概率估计的方法可以大大提高效率。

使用贝叶斯网络必须知道各个状态之间相关的概率,得到这些参数的过程叫作训练。和训练马尔可夫模型一样,训练贝叶斯网络要用一些已知的数据。相比马尔可夫链,贝叶斯网络的训练比较复杂,从理论上讲它是一个 NP-complete 问题,也就是说,现阶段没有可以在多项式时间内完成的算法。但是,对于某些应用,这个训练过程可以简化,并在计算上高效实现。贝叶斯网络推理研究中提出了多种近似推理算法,主要分为两大类:基于仿真的方法和基于搜索的方法。在故障诊断领域里就水电仿真而言,往往故障概率很小,所以一般采用搜索推理算法较适合。就一个实例而言,首先要分析使用哪种算法模型。如果该实例节点信度网络是简单的有向图结构,在它的节点数目少的情况下,可采用贝叶斯网络精确推理,它包含多树传播算法、团树传播算法、图约减算法,针对实例事件选择恰当的算法。如果该实例所画出的节点图形结构复杂且节点数目多,可采用近似推理算法去研究,具体实施起来最好能把复杂庞大的网络进行化简,然后再与精确推理相结合来考虑。

在综合考虑变压器历史、当前和未来的状态后作出评估,借助贝叶斯网络实现对变压器的各类状态信息进行预测,从而对变压器未来状态作出评估。贝叶斯网络中对条件概率的计算采用了综合实例和专家知识的模型,使得预测计算更加准确。

1.1.6　神经网络法

人工神经网络能很好地解决从征兆空间到故障空间的复杂非线性映射问题,从而实现对设备的多信息融合状态评估。神经网络所建立的非线性映射关系是分布存储在网络结构上的,使得各种信息具有统一的表示形式,便于信息的管理和储存。神经网络不需要建立确定的数学模型,通过对样本的学习就具有非线性分类能力。神经网络的并行结构和并行处理机制,使得信息处理速度加快,能够满足实时性的要求。

在众多的神经网络模型中,应用最广泛、理论最成熟的当属 BP(Back Propagation)和 RBF(Radial Base Function)网络模型。BP 和 RBF 网络模型都是多层前馈网络,具有以任意精度逼近任意连续函数的能力。RBF 网络具有最佳一致逼近特性,逐步取代了 BP 网络。RBF 网络是由输入层、隐含层和输出层构成的三层前向网络,以 RBF 函数为隐含层。

RBF 函数是一种局部分布的、中心对称衰减的非线性函数。RBF 网络第 k 个隐节点的输出为

$$\varphi_k(X_i) = \exp\left(-\frac{\|X_i - C_k\|^2}{2\delta_k^2}\right) \tag{1-8}$$

式中　C_k——第 k 个隐节点的中心;

　　　δ_k^2——第 k 个隐节点的宽度。

整个网络的输入输出方程为

$$y(i) = \omega_0 + \sum_{k=1}^{m} \omega_i \varphi(X_i) \qquad (1\text{-}9)$$

式中　m——当前网络中隐节点的个数；

　　　ω_0——偏移量；

　　　ω_i——输出层与隐层第 k 个隐节点的连接权值。

在变压器状态评估中,采用 BP 和 RBF 网络模型实现了对变压器状态监测信息的特征识别和融合处理,是确定变压器状态和故障分类的有效方法。

1.1.7　支持向量机法

支持向量机(Support vector machines,SVM)是由 Vapnik 领导的 AT&T Bell 实验室研究小组在 1995 年提出的一种新的非常有潜力的分类技术,SVM 是一种基于统计学习理论的模式识别方法,主要应用于模式识别领域。由于当时这些研究尚不十分完善,在解决模式识别问题中往往趋于保守,且数学上比较艰涩,这些研究一直没有得到充分的重视。直到 20 世纪 90 年代,统计学习理论（Statistical Learning Theory,SLT）的实现和由于神经网络等较新兴的机器学习方法的研究遇到一些重要的困难,比如如何确定网络结构问题、过学习与欠学习问题、局部极小点问题等,使得 SVM 迅速发展和完善,在解决小样本、非线性及高维模式识别问题中表现出许多特有的优势,并能够推广应用到函数拟合等其他机器学习问题中。从此迅速地发展起来,已经在许多领域(生物信息学、文本和手写识别等)都取得了成功的应用。它在地球物理反演当中解决非线性反演也有显著成效,例如支持向量机在预测地下水的涌水量问题等。已知该算法的应用主要有:石油测井中利用测井资料预测地层孔隙度及黏粒含量、天气预报工作等。

分类的过程是一个机器学习的过程。可以通过一个 $n-1$ 维的超平面把 n 维实空间中的数据点分开,通常被称为线性分类器。在众多分类器中需要寻找分类最佳的平面,即使得属于两个不同类的数据点间隔最大的那个面,该面亦称为最大间隔超平面。

所谓支持向量是指那些在间隔区边缘的训练样本点。这里的“机(machine,机器)”实际上是一个算法。在机器学习领域,常把一些算法看作是一个机器。支持向量机与神经网络类似,都是学习型的机制,但与神经网络不同的是 SVM 使用的是数学方法和优化技术。支持向量机中的一大亮点是在传统的最优化问题中提出了对偶理论,主要有最大最小对偶及拉格朗日对偶。SVM 的关键在于核函数。在确定了核函数之后,由于确定核函数的已知数据也存在一定的误差,考虑到推广性问题,因此引入了松弛系数及惩罚系数两个参变量来加以校正。在确定了核函数的基础上,再经过大量对比试验等将这两个系数取定,该项研究就基本完成。适合相关学科或业务内应用,且有一定能力的推广性。当然误差是绝对的,不同学科、不同专业的要求不一。

低维空间向量集通常难于划分,解决的方法是将它们映射到高维空间。但这个办法带来的困难是计算复杂度的增加,而核函数正好巧妙地解决了这个问题。也就是说,只要选用适当的核函数,就可以得到高维空间的分类函数。在 SVM 理论中,采用不同的核函数将导致不同的 SVM 算法。核函数包括线性核函数、多项式核函数、径向基函数(RBF)和 SIGMOID 核函数,其中 RBF 是局部线性核函数,多项式核函数和 SIGMOID 核函数是全局性核函数。全局性核函数有很强的泛化能力,学习能力弱;局部性核函数具有很强的学习能力,泛化能力弱。

支持向量机法是建立在统计学习理论的 VC 维理论和结构风险最小原理基础上的,根据有限的样本信息在模型的复杂性(对特定训练样本的学习精度)和学习能力(无错误地识别任意样本的能力)之间寻求最佳折中,以求获得最好的推广能力。

支持向量机法用于变压器状态评估包括对变压器状态的分级和故障模式识别。按照支持向量机分类方法,可以采用连续多级分类方式实现根据采集到的油中溶解气体监测信息对变压器状态进行评估。利用粒子群算法对支持向量机中参数进行优化可以提高支持向量机法对变压器状态评估效果。支持向量回归模型基于支持向量机法,实现了对变压器状态评估中权重的优化,从而提高了评估效果。利用支持向量回归模型的优化功能实现对模糊综合评判结果的处理为得出变压器状态评估结论提供了新的变压器状态评估思路。用于变压器局部放电模式识别的 SVM 和主动学习方法的结合则有效提高学习效率。

1.1.8　物元分析法

物元分析是我国学者、广东工学院(现广东工业大学)蔡文副教授所创立的新学科。1983 年他在《科学探索学报》上发表了论文《可拓集合和不相容问题》,标志着物元分析的诞生。物元分析的中心是研究"出点子、想办法"的规律、理论和方法。它的数学工具是基于可拓集合基础上的可拓数学。物元分析本身不是数学的一个分支,在它的数学描述系统中还需要保留一定的开放环节。在这些环节中,人脑思维与客观实际要在这里发挥作用。它是在经典数学、模糊数学的基础上发展起来而又有别于它们的新学科。经典数学的逻辑基础是形式逻辑,模糊数学的逻辑基础是模糊逻辑,而物元分析的逻辑基础则是形式逻辑与辩证逻辑的结合。经典数学是描述人脑思维、按形式逻辑处理问题的工具;模糊数学是描述人脑思维处理模糊性信息的工具;而物元分析则是描述人脑思维出点子、想办法解决不相容问题的工具,它带有很浓的人工智能色彩。物元分析是一门着重应用的学科,它既可以用在"硬"科学方面,又可以用在"软"科学方面。

在现实世界中存在着相容与不相容两类问题。当所给的条件能达到要实现的目标时,称为相容问题;当所给出的条件不能达到要实现的目标时,则称为不相容问题。例如,要用一把只能称重 200 斤的秤,去称重量大于 1 000 斤的大象,就构成一个不相容问题。然而,曹冲称象的故事却提供了解决这一问题的方法。物元分析正是研究、求解这类不相容问题的方法。物元分析的突出特点是它创立了"物元"这一新概念,并建立了物元变换理论。因为求解不相容问题,如果只从抽象的量和形的侧面考虑,是无法解决问题的,而必须同时考虑质和量,对质和量进行变换,才可以使问题获得解决。所以,有必要引进能够表征质和量有机结合的新概念。

建立物元模型并通过各种变换去寻求事物的解是物元分析、解决不相容问题的一般方法。物元表示为：$R=(N,c,v)$，N 为事物的名称，c 为特征，v 为量值。例如中国内地的交通系统的物元模型为：$R=($中国内地，交通规则，靠右行驶$)$。假如描述一个事物可以用多个不同的特征，那么相应就会有多个不同的量值。所谓物元变换就是对物元中的三要素进行相应的变化从而得到新的物元。通过物元变换可以把不同的物元联系起来形成一个交织在一起的物元网络。在给定了物元和物元变换之后，还要对可能的变换和物元进行评价，这是由可拓集完成的，所谓可拓集可以写成：$A=\{(x,y)\mid x\in U,y\in R\}$，其中 U 是论域，R 是实数域，y 叫作关联度。按照 y 的大小可以把论域中的元素分成隶属于 A、不属于 A 和可拓隶属于 A 三种情况。对所有可能由变换得到的物元集合作为论域，在论域上建立可拓集合，然后就可以利用可拓学的菱形思维方法进行问题的求解。

物元分析法为变压器状态评估提供了一种新方法，使用物元之间的关联度来描述评估指标之间及其与状态间的关系，表述范围从模糊数学的 $[0,1]$ 扩展到实数域，从点到区间的描述扩展到了区间到区间的描述，提升了评估效果。

1.1.9　可拓评价法

可拓论研究事物拓展的可能性和开拓创新的规律，是可拓学的基本理论。可拓论的三个支柱是基元理论、可拓集合理论和可拓逻辑。基元理论包括可拓分析理论、共轭分析理论和可拓变换理论。可拓集合理论包括可拓集合和关联函数等。可拓逻辑是以形式逻辑的形式和辩证逻辑的思想结合而产生的新型逻辑。

可拓论研究事物的矛盾和不相容问题。可拓论认为事物都是可拓的，可以通过可拓变换将矛盾问题转换，找到解决矛盾的办法。可拓评价法就是利用多维物元模型描述变压器状态评估信息，利用物元关联函数描述评估信息之间的关系，利用可拓集合描述变压器状态信息的变化，实现对变压器状态的评估。可拓评价法实现了对变压器状态定性和定量的描述评价，物元模型是定性的描述，关联度则是定量的描述。利用关联度的描述实现了变压器状态评估指标之间权重及其与变压器状态之间的量化描述。

1.1.10　集对分析方法

集对分析是处理系统确定性与不确定性相互作用的数学理论，由中国学者赵克勤于 1989 年提出，其主要的数学工具是联系数。至今，集对分析已经得到广泛应用，但仍在发展之中。集对是由一定联系的两个集合组成的基本单位，也是集对分析和联系数学中最基本的一个概念。集合的元素可以是人、事、物、数字、概念。事实上，集对也是一种自然现象，例如我们的 2 只眼睛、2 只耳朵、2 个鼻孔、2 只手、2 条腿，都可以看作是集对的例子。

从数学的角度看，引进集对概念可以为解决集合论中的悖论提供一种全新的思路。例如在集合论中有一个罗素悖论，也称理发师悖论，是说村上有一个理发师，贴出服务公告，宣称他为所有不为自己理发的人理发，根据集合论，这些人能组成一个集合，但由此引出一个问题,理发师自己的头该由谁理发? 如果他不为自己理发,那么理发师属于 A;但这样一来,理发师又不能给自己理发了,也就是不能属于 A,那么理发师自己的头究竟该由谁理发? 上面这个理发师悖论由英国数学家和哲学家罗素(Bertrand Russell)于 1903年发现,所以也称罗素悖论。罗素悖论的发现,说明了由德国数学家康托(Georg Cantor)提出的集合论存在着矛盾,这个矛盾是如此的显而易见,在构造一个普通的集合时就存在于这个集合中,震动了当时的数学界,正如著名的法国数学家庞加莱(Henri Poincare)所坦言,"我们围住了一群羊,然而在羊群中也可能围进了狼"。有了集对这个概念后,我们就用一个确定集 A 和一个不确定集 B 同时去描述理发师要服务的全体对象。例如设村上包括理发师在内共有 100 人,这是我们的研究对象,其中不能为自己理发的有 99 人,确定属于理发师的服务范围($A=99$);加上理发师 1 人不能确定是否属于理发师的服务范围($B=1$),于是得联系数 $A+Bi=99+1i$,这个联系数的集对意义显然是关于"所有不为自己理发的人"这个对象集 O 的两个映射集合 AO(确定集)与 BO(不确定集)的基数之"联系和"。根据以上这个例子,也可以称集对是为研究(描述和分析)某个事物所必须的两个集合。反过来也表明:即使是一个简单的对象(事物),也至少要用两个集合去描述。例如,要把某校的全体教师作为一个集合 A,看上去是一件没有异义、轻而易举的事情,但有的教师同时又是学生(例如在职读博士),具有双重身份,遇到这种情况时,只给一个教师集 A,就比较难办,如果同时给出一个学生集 B 就比较好办一些,因为虽然把在职攻博的教师放入 B 中也不尽全妥,但我们可以用 $A \cap B$ 表示有的人既是教师同时又是学生这种情况,但这里的 $A \cap B$ 指的是同一个对象,因而把 A 和 B 组成集对更为自然。从这个例子又可以看出:即使是一个简单的对象(事物),用一个集合去描述也是不够的;此外,也可以看出:组成集对的两个集合既可以一个是确定集,一个是不确定集;也可以两个集合都是确定集,或者都是不确定集。集对一般用大写字母表示,如 H、M 等,要表示集对 H是由集合 A、集合 B 组成时,记为 $H=(A,B)$。

　　集对分析是在一定的问题背景下,对集对中两个集合的确定性与不确定性及确定性与不确定性的相互作用所进行的一种系统和数学分析。通常包括对集对中两个集合的特性、关系、结构、状态、趋势及相互联系模式所进行的分析;这种分析一般通过建立所论两个集合的联系数进行,有时也可以不借助联系数进行分析。

　　对集对中的两个集合作特性分析时,需要先抽象出集对中两个集合各自的特性,再比对这两个集合在哪些特性上同一,也就是同时具备哪些特性;这两个集合在哪些特性上对立,也就是在哪些特性上相互对立、矛盾;而在其他的一些特性上既不同一,也不对立(称之为差异,与同一有差异,与对立也有差异);在此基础上统计这两个集合的同一特性数(记为 A)、相反特性数(记为 C)、既不相同又不相反(差异)的特性数(记为 B),并写成"联系数"的形式: $U=A(+)Bi(+)Cj$,这里 j 表示对立,i 表示差异(中介、不确定、不确知、数据缺失等),在需要计数时,给 j 和 i 赋值;这时要明确 j 代表何种对立,例如当所论问题涉及的是"正负型对立($1*(-1)=-1$)",则取 $j=-1$,与此同时 i 在 $[-1,1]$ 区间取值;当所论问题涉及的是"虚实型对立($1*(-1)=(-1)$)"时,则取 $j=(-1)$,这时 i 在

$[1,(-1)]$ 空间取值,如此等等;由此可见 i 是 j 的函数,j 又是问题(W)的函数,因此 i 是问题(W)的复合函数,在此基础上开展适当的数学运算和数学分析。从集对论的角度看,这时的联系数其实也是所论集对的一种特征函数。

对集对中的两个集合作关系分析时,需要先具体分析所论两个集合的各种关系,这些关系中有的是确定的关系(如等价关系、对应关系等),有的是不确定的关系(如随机关系、模糊关系、一因多果关系、非线性关系等)。假定分析得到的关系都是同等重要的,则把所有确定的关系数计入 A,所有不确定的关系数计入 B,再把 A 和 B 写成"联系数":$U=A(+)Bi$ 的形式。这时的联系数 $U=A(+)Bi$ 其实也是所论集对的一种特征函数。

对集对中的两个集合作结构分析时,需要对其中的每个集合所组成的元素作空间结构分析,包括对元素的性质、元素的粒度、元素的个数、元素的分布、元素的集聚进行分析,换言之,也就是要先对一个集合的"结构"作出分析,再去比对这两个集合在结构上的同异反,写出这两个集合在结构上的同异反联系数,这个同异反联系数其实也是所论集对的一种"结构函数",当然,这种结构函数也是集对的一种特征函数。

集对分析不仅适用于只有两个集合存在的场合,也适用于有多个集合存在的场合,这时需要先就每两个集合写出联系数,再对得到的若干个联系数作适当的运算和分析,以解决给定的问题。

集对分析还主张从"集对"的本意出发:提倡同一个问题用两种或多种不同的方法、两个或多个不同的角度,两次或多次反复去研究,再把研究结果集成,得出最后的结论,以此来保证集对分析结论的可靠性和可信性。由此可见,集对分析是研究和处理复杂系统中有关不确定性问题的一种系统数学方法。

在已有的一些文献中,集对分析也被称为联系数学,但从本义上说,两者还是有区别的,主要的区别在于集对分析有时可以不借助联系数进行系统数学分析,但联系数学涉及联系数的运算。

集对分析用包含同一度、差异度和对立度三方面特性的联系度来描述构成集对的两个集合之间的确定性和不确定性关系及各特性之间的转化。集对分析可用于定量分析变压器状态监测指标与状态之间的关系。变压器状态信息反映了变压器状态在设定的状态等级之间的转化过程,这个过程可以用集对分析方法借助数学模型来描述。通过计算变压器状态监测指标信息和设定的变压器状态等级之间的联系度实现对变压器状态的评估。

1.1.11 云理论分析法

针对模糊分析法中隶属函数确定存在的主观性等缺点,李德毅提出了随机性和模糊性相结合的"云"理论,这是对传统的隶属函数概念的扬弃。模糊概念可表述为一个边界具有不同弹性的、收敛于正态分布函数的"云"。实质上,云是用语言值表示的某个定性概念与其定量表示之间的不确定性转换模型。云的数字特征可用期望值、熵、超熵三个数值来表征,这构成了定性和定量相互间的映射,为定性与定量相结合的信息处理提供了有力手段。云理论成为处理模糊信息的有效工具。

X 论域是一个精确数值量的集合,记作 $X = \{x\}$。对于任意数值量,都存在一个有稳定倾向的随机数与之对应,称为 x 对应的隶属度。隶属度在论域上的分布称为隶属云,简称为云。云由许许多多云滴组成,云的整体形状反映了定性概念的重要特性。

不确定性概念的整体特性可以用云的数字特征来反映。云的期望 Ex(Expected value)是指云滴在论域空间的分布期望,代表定性概念的点,也是这个概念量化的最典型样本。熵 En(Entropy)是对定性概念的不确定性度量,由概念的随机性和模糊性共同决定。一方面 En 是定性概念随机性的度量,反映了能够代表这个定性概念云滴的离散程度;另一方面它又是定性概念亦此亦彼性的度量,反映了论域空间中可被概念接受的云滴的取值范围。超熵 He(Hyper entropy)是熵的不确定性的度量,即是熵的熵,由熵的随机性和模糊性共同决定。

云模型是云的具体实现方法,也是基于云的运算、推理和控制等的基础。由定性概念到定量表示的过程,即由云的数字特征产生云滴的具体实现,称为正向云发生器;由定量表示到定性概念的过程,也就是由云滴得到云的数字特征的具体实现,称为逆向云发生器。在创建云模型时,一般取正态云模型。这是因为在概率论与随机过程的理论研究和实际应用中,正态分布起着特别重要的作用,在各种概率分布中居于首要的地位,其概率分布的形式广泛存在于自然现象、社会现象、科学技术及生产活动中,在实际中遇到的许多随机现象都服从或近似服从正态分布。而且,中心极限定理也在理论上阐述了产生正态分布的条件,体现了其广泛性和普适性。另外,在模糊集理论中,隶属函数是模糊理论的基石,但自然和社会科学中的大量模糊概念的隶属函数,并没有严格的确定方法,在通常的经验下最为常见的隶属函数是钟形隶属函数,这与正态分布的分布函数是一致的。

采用云模型作为变压器状态评估过程中对指标信息隶属变压器状态的判断,是对传统模糊评估中隶属函数的优化,这种优化考虑了评估指标信息分布的随机性,使得评估结论更精确。典型的例子是正态云分布函数与等腰三角函数的对比,前者显然在模糊性评判上更合理,而后者则是对前者的近似。在正态云模型中,以变压器状态级别分布范围的中心值为期望值生成云模型中的云滴,根据变压器运行状态监测信息查找对应变压器状态云中的云滴,取多个云滴的平均值作为隶属度。文献[38]将变压器运行信息生成正态云,变压器状态界限适当扩展模糊化生成变压器状态云,通过计算数据区间化处理求取指标权重,利用关联度计算实现了变压器状态评估,避免了变压器指标权重及状态划分确定的主观性。

1.1.12　综合分析评估

鉴于变压器评估的复杂性,实践中常将多种方法综合应用。随着理论和技术的进步,新的理论和方法逐渐被应用到变压器状态评估中,使得变压器评估方法逐渐完善。但是变压器状态评估是实践性很强的工作,还需要在实践中不断验证和完善。

1.2　变压器状态评估模型

由于变压器状态评估信息的多因素性,变压器状态评估中需要确立综合处理多种信息的多信息融合模型。其中,基于层次分析法的多层次评估模型是常见的模型。而实践中常将多种方法综合应用,就产生了基于层次性模型的多种综合模型,下面介绍几种常见的综合模型。

1.2.1　模糊层次评估模型

多层次模糊综合评判模型是模糊评判法和层次分析法的综合应用,通过最优传递矩阵计算各层次指标的权重,以加权平均型模糊运算算子计算得出模糊评判结果,取最大值作为最后评判的变压器状态。

在多层次评估模型中,各指标隶属函数的确定和权重对评估结果有重要影响。在多层次模糊综合评判模型中,用三角形函数和半梯形函数的组合函数描述电气与绝缘油试验指标对变压器状态的隶属度,用神经网络处理油中溶解气体的隶属函数问题。隶属函数中边界值的确定参考有关规程和专家意见。在确定指标权重时采用层次分析法,由专家对指标群中指标按照两两比较重要性进行评判,然后再计算最优传递矩阵。

本模型中引入相对劣化度概念来表示变压器当前实际状态与故障状态相比的劣化程度,其取值范围为$[0,1]$,详细情况见状态评估量模型。

1.2.2　灰色层次评估模型

将灰色关联分析引入层次评估法中就形成了变压器状态评估的灰色层次评估模型。灰色关联分析通过计算对象间的关联系数和关联度,从整体上动态分析对象间的关联程度和影响程度,是为确定对象发展变化的主要因素提供数量依据的有效方法。由灰色关联分析法确定各检测指标信息与变压器状态之间的关联度,再配以层次分析中确定的各指标权重,利用层次分析法就可以实现对变压器状态的评估。

灰色层次评估模型中对关联系数的计算式如下

$$\xi_{ij}(k) = \frac{\Delta_{\min} + \rho\Delta_{\max}}{|X_{hik} - Y_{jk}| + \rho\Delta_{\max}} \qquad (1\text{-}10)$$

式中:$\Delta_{\min} = \min\limits_{j}\min\limits_{k}|X_{hik} - Y_{jk}|$,$\Delta_{\max} = \max\limits_{j}\max\limits_{k}|X_{hik} - Y_{jk}|$,分别为对应指标 X_{hik} 和 Y_{jk} 之差的最小值与最大值绝对值。其中,X 为对应指标层次中的指标;Y 为对应的变压器状态(标准模式)特征矢量矩阵;i、j、k、h 为对应的指标层次及指标编号;ρ 为分辨系数,$\rho \in (0,1)$,反映了研究者对 $\Delta_{\max}$ 的重视程度,通常取 0.5。

利用本模型进行变压器状态评估的步骤为:取多样本值的平均值建立标准状态模式

特征矢量矩阵;量化待评估变压器状态模式序列;计算各单层次指标评估的最佳分辨系数;从最底层指标计算各级指标的关联系数和关联度矩阵,直到最高层;取关联矩阵中最大值作为变压器状态值。由关联系数矩阵 E_i,与各指标的权重为 ω_i 进行矩阵运算可以得到层次指标的关联度矩阵 $R_i = \omega_i E_i$。在这一模型中,利用灰色关联法对专家赋分法得出的各指标权重进行优化,取最大权重值作为标准矩阵向量,计算关联系数矩阵,并进行归一化处理得到常权权重。考虑各状态量变化信息,由变权系数得到变权权重进行评估。评估中对预防性试验指标的量化采用了半升降梯形函数。

1.2.3　多层次正态云模型

多层次正态云模型将云理论与层次分析法结合用于变压器状态评估,既考虑了监测信息分布的模糊性又考虑了其随机性。此模型用于变压器状态评估的步骤为:建立变压器状态评估的综合体系;建立评价集;对评估指标进行量化处理,并确定常权及计算出相应的变权;分别计算各定量指标对各种状态的云模型表述值,以及各定性指标对各状态的隶属度值,得到各不同项目的综合评判矩阵;进行各子项目的评判,结合权重分配得出上层评判矩阵,以此类推,直到评估指标体系的最高层;利用最大隶属度原则或模糊分布法判断出目前变压器所处的状态。

根据正态云模型确定各指标对变压器状态的关系需要确定隶属函数及云模型。多次试验表明超熵值 $H=0.005$ 时取得了较好的效果,此时的模型见表1-3。

表1-3　定量指标的隶属度函数及其云模型函数

状态	隶属度函数	云模型函数
优秀	$y = e^{-\pi(x-1.0)^2}$	云(1.0,0.067,0.005)
良好	$y = e^{-\pi(x-0.8)^2}$	云(0.8,0.067,0.005)
注意	$y = e^{-\pi(x-0.6)^2}$	云(0.6,0.067,0.005)
异常	$y = e^{-\pi(x-0.4)^2}$	云(0.4,0.067,0.005)
严重	$y = e^{-\pi(x-0.2)^2}$	云(0.2,0.067,0.005)

1.2.4　多层次灰色定权聚类模型

灰色定权聚类方法与层次分析法结合形成了多层次灰色定权聚类模型。灰色定权聚类方法可以有效处理变压器运行状态信息不完全问题。根据获得的有限变压器状态信息,利用灰色定权聚类方法,建立白化函数,实现对变压器状态的评估。同样,利用此模型进行变压器状态评估,需要先建立变压器状态评估体系,设定变压器状态,用层次分析法确定各指标的权重,再借助灰色定权聚类模型实现根据监测信息对变压器状态的评估。

对于变压器状态评估体系中选择了性质不同、量纲不同且数量值相差悬殊的情况,应选择灰色定权聚类模型。灰色定权聚类模型需要确定等级数 e、灰数 h 和白化权函数。灰色定权聚类模型中的等级数取变压器状态等级数;灰数取评分的分布区间;白化权函数可以分为四类:典型函数、下限测度函数、适中测度函数和上限测度函数。由起点、终点确定左升右降的连续函数称为典型白化权函数,一般含四个转折点。不含前两个转折点的白化权函数为下限测度白化权函数,中间两个转折点重合的为适中测度白化权函数,不含后两个转折点的为上限测度白化权函数。典型的模型中将变压器状态分为正常、注意、异常和严重四个状态,分别采用了上限测度、适中测度、适中测度和下限测度白化权函数。

白化权函数确定后,根据评估指标信息确定各指标的灰色评估系数和评估权,再与各指标的权重进行加权平均得到灰色聚类系数,对照变压器状态分级标准确定变压器状态。

1.2.5　变压器状态评估多信息量融合模型

变压器状态评估多信息量融合模型是在多层次评估模型的基础上综合运用多种方法对多种信息综合分层次处理的数学工具。该模型一般包含三层:单项指标信息处理层、分析方法多指标综合层和整体状态指标决策评估层。随着多种分析方法的逐渐应用,变压器状态评估多信息量融合模型也经历了从单一分析方法与层次分析法的结合模型到多种分析方法与层次分析法结合的综合模型,典型的综合模型由三层组成:基于粗糙集试验数据指标约简的初级评估层、多神经网络与专家评分的判断评估层和层次分析法权重确定与证据理论的融合决策评估层。

单项评估指标信息的处理是为了便于对不同量纲指标的融合,一般要进行归一化处理。单项指标的处理过程中,结合指标反映的变压器状态信息采用合适的方法是关键。不同的方法针对不同的特点产生,主要集中在从指标信息到变压器状态的映射关系处理上。从单项指标信息反映到分析方法层的多指标处理一般是一个加权平均过程。重点和难点是各指标权重的确定,在没有成熟的理论前主要是探索更客观的定性和定量的结合。从分析方法层指标到最后的变压器整体状态决策评估则可以采用多种方法,常见的方法是模糊层次处理或证据推理,重点在于考察模型对于状态评估的效果。

1.3　指标权重确定方法

变压器状态评估中各指标权重的分配决定了最终的评价结果。在对变压器评估指标体系中指标的权重进行分配时,主要考虑专家意见和经验,这往往因为专家的不同而带有很大的主观性和不确定性。应用现代理论知识来降低这种主观性和不确定性是研究的热点。

确定权重的方法有专家估计法、德尔菲(专家调查)法和特征值法。当专家人数不足30人时,可以用加权平均法确定权重。先由各专家给出权重,然后取平均值作为选择的权重。当专家人数超过30人时,可以用频率分布确定权重。分组并计算频率,取最大频率所在组中值为其权重。其他权重确定方法还包括模糊协调决策法和模糊关系方程法。美国运筹学家撒丁在20世纪70年代提出了采用层次分析法确定权重的方法。根据问题分析分为目标层、准则层和方案层,然后利用两两比较的方法确定决策方案的重要性,得到决策方案相对于目标层重要性的权重。

随着变压器状态评估研究的进展,变压器状态评估中指标权重的确定经历了常权重静态评估、变权重动态评估和最优评估三种确定方法的变化。

1.3.1　常权重确定法

1.3.1.1　层次分析法

层次分析法是确定变压器状态评估中各指标权重的基本方法,是将专家意见和经验量化的数学方法。一般将多位专家给出的权重组成矩阵,求出矩阵的最大特征根对应的特征向量即可确定权重,详细过程参见前文评估方法中的层次分析法。这种方法的缺点是构建矩阵时具有很大的随意性,需要进行多次调整才能满足一致性要求,构造最优传递矩阵可以实现一次性确定权重,不用再进行一致性检验。

设层次分析法汇总构建的判断矩阵为 W,W 是互反矩阵,令 $B=\lg W$,构造矩阵 $W^*=10^{t_{ij}}$,t_{ij} 的取值计算为:

$$t_{ij}=\frac{1}{n}\sum_{k=1}^{n}(b_{ik}-b_{jk}) \tag{1-11}$$

1.3.1.2　灰色关联法

灰色关联法确定评估指标权重可以有效避免专家意见不统一造成的分配错误。取专家对指标权重分配组合中的最大值组成向量,计算各专家估计权重与最大权重的关联系数,然后再计算其关联度,并进行归一化处理就得到各指标权重。关联系数及关联度计算见评估模型中灰色层次评估模型章节相关内容。

1.3.1.3　未确知有理数法

未确知数学理论认为,对不确定信息,用区间及该信息在区间上的信度分布表示会比用确定的实数更全面也更符合实际情况。对任意区间 $[a,b]$,$a=x_1<x_2<\cdots<x_p=b$,若函数 $\varphi(x)$ 满足

$$\varphi(x)=\begin{cases}\alpha_t,x=x_t(t=1,2,\cdots,p)\\0\end{cases} \quad 且 \quad \sum_{t=1}^{p}a_t=a,0<a\leqslant1 \tag{1-12}$$

则称 $[a,b]$ 和 $\varphi(x)$ 构成一个 p 阶未确知有理数,记作 $[[a,b],\varphi(x)]$。

设有 m 位专家对评估变压器综合状态的 n 个指标重要性进行评价,通过评价得到 m 位专家关于 n 个指标的估计值,将同一指标 j 取值相同的信度值乘以专家可信度后分别加以合并,可得到指标 j 的重要性未确知有理数

$$A = [[x_1,x_r], \varphi_j(x)]; \quad \varphi_j(x) = \begin{cases} \alpha_l, x = w_l \, (l = 1,2,\cdots,r) \\ \quad 0 \end{cases} \quad (1\text{-}13)$$

式中:$j = 1,2,\cdots,n,n$ 为指标个数;$[x_1,x_r]$ 为指标重要性取值区间;$\varphi_j(x)$ 为指标重要性值可信度分布密度函数;a_l 表示指标 j 的重要性取值同为 w_l 的评价者信度和。计算该未确知有理数的属性期望 $E(\varphi_j(x))$,对于 $E(\varphi_j(x))$,x 仅在一点处可信度不为 0,这个不为 0 的点就是指标 j 的权重赋值。

1.3.1.4　关联规则法

关联规则是同一事件中出现的不同项之间的相关性表述,关联规则法就是通过寻找待研究项之间的关联性来确定各项权重的方法。事物集中项之间的关联性通过支持度来表示,支持度是事物集中包含特定项集中事物的个数。待研究的项之间的关联性用同时包含待研究项的百分比表示,记为 $\mathrm{Sup}(A \to B) = \mathrm{P}(A \cup B)$。支持度越接近 1,则表明前提 A 和结论 B 的关联程度越高。关联规则的可信度用置信度来表示,置信度是数据库 D 中同时包含 A 和 B 的百分比,记为 $C(A \to B) = \mathrm{P}(B/A) = \mathrm{P}(A \cup B)/\mathrm{P}(A) \times 100\%$。在变压器状态评估中,通过比较同一个综合状态量中各单项状态量的置信度来确定各单项状态量的权重系数。

1.3.2　变权重确定法

针对变压器状态评估中指标监测信息变化因为常权重分配中过小容易被吞没的现象,产生了变权重系数的变压器状态评估方法。

1.3.2.1　熵权法

熵权法是一种反应信息变化产生影响的客观赋权方法,可以动态地、更真实地体现信息的重要程度。熵权法根据各指标的变异程度,利用信息熵计算出各指标的熵权,再通过熵权对各指标权重进行修正,从而得到较为客观的指标权重。

信息是系统有序程度的一个度量,熵是系统无序程度的一个度量。若系统可能处于不同的状态,每种状态出现的概率为 $p_i(i = 1,2,\cdots,m)$,则该系统的熵定义为 $e = -\sum_{i=1}^{m} p_i \times \ln p_i$。显然,当各状态出现的概率相同时,熵取最大值,$e_{\max} = \ln m$。对于有 m 个待评项目和 n 个评价指标的系统,其原始评价矩阵为 $R = (r_{ij})_{m \times n}$,$r_{ij}$ 为第 j 个指标下第 i 个项目的评价值。对于某个指标 r_{ij} 有信息熵 $e_j = -\sum_{i=1}^{m} p_{ij} \times \ln p_{ij}$,其中 $p_{ij} = \dfrac{r_{ij}}{\sum_{i=1}^{m} r_{ij}}$。

如果某个指标的熵值越小,说明其指标的变异程度越大,提供的信息量越多,在综合评价中该指标起的作用越大,其权重应该越大。根据各指标的变异程度利用熵来计算各指标的熵权,利用各指标的熵权对所有的指标进行加权,从而得出较为客观的评价结果。利用熵权法确定指标权重的过程就是将综合指标的重要性和指标提供的信息量结合起来的过程,具体计算步骤如下:

(1)计算第 j 个指标下第 i 个项目的比重 p_{ij} , $p_{ij} = \dfrac{r_{ij}}{\sum\limits_{i=1}^{m} r_{ij}}$;

(2)计算第 j 个指标的熵值 e_j , $e_j = -k\sum\limits_{i=1}^{m} p_{ij} \times \ln p_{ij}$, $k = \dfrac{1}{m}$;

(3)计算第 j 个指标的熵权 w_j , $w_j = (1-e_j)/\sum\limits_{j=1}^{n}(1-e_j)$;

(4)确定指标的综合权数 β_j。

假设评估者根据自己的目的和要求将指标重要性的权重确定为 $\alpha_j, j=1,2,\cdots,n$,结合指标的熵权就可以得到指标 j 的综合权数

$$\beta_j = \frac{\alpha_i w_i}{\sum\limits_{i=1}^{m} \alpha_i w_i}$$

当各备选项目在指标 j 上的值完全相同时,该指标的熵值最大值为 1,其熵权为 0。这说明该指标未能向决策者提供有用信息,即在该指标下,所有的备选项目对决策者说是无差异的,可考虑去掉该指标。因此,熵权并不是表示指标的重要性系数,而是表示在该指标下对评价指标的区分度。熵权法可用于任何评价问题中的确定指标权重,可用于剔除评价指标体系中对评价结果贡献不大的指标。

另一种利用熵值确定权重的方法是根据差异性系数计算权重。指标 j 的差异性系数 $g_j = 1-e_j$,权重 $w_j = \dfrac{g_j}{n-E_e}$,$E_e = \sum\limits_{j=1}^{n} e_j$。

1.3.2.2　均衡函数法

综合评价中各要素状态的均衡性在变权重理论中得到反映。均衡函数法直接将各指标信息量的变化与指标常权重综合考虑,计算式为

$$w_i^v = \frac{w_i x_i^{\alpha-1}}{\sum\limits_{p=1}^{n} w_p x_p^{\alpha-1}} \tag{1-14}$$

式中: w_i^v 为第 i 个综合变量的变权重系数;x_i 为第 i 个综合变量的评分值;n 为综合变量的个数;w_i 为第 i 个综合变量的常权重系数;α 为均衡系数,其取值范围为 $[0,1]$,取值大小取决于综合状态量的相对重要程度。如果能排除某些综合状态量的严重缺陷时,α 取值范围为 $[0,0.5]$;如果对综合状态量的均衡程度要求不高时,α 取值范围为 $(0.5,1)$;$\alpha=1$ 时,变为常权重模式。

1.3.2.3　变异系数法

变异系数用来表示不同量纲的评估指标之间的重要程度,用第 i 项指标的标准差与其平均数的比值来表示。各指标的变异系数的比例分配就是变异系数法确定的指标权重。具体计算式如下。

变异系数

$$V_i = \frac{\delta_i}{\overline{x}_i} \qquad (1-15)$$

权重系数

$$w_i = \frac{V_i}{\sum\limits_{i=1}^{n} V_i} \qquad (1-16)$$

对于多因素组成的向量,设变权后的向量为:$W' = [w_1', w_2', \cdots, w_i', \cdots, w_n']$,则变权后权重的确定方法为:$w_i = \dfrac{\lambda_i(x_i)}{\sum\limits_{j=1}^{n} \lambda_j(x_j)}$,$i=1,2,\cdots,n$。其中

$$\lambda_i(x_i) = \frac{\lambda_i^* \lambda_{0i}}{\lambda^* \exp\left[\dfrac{(x_i/x_m)^{1-k_i}}{1-k_i}\right]} \qquad (1-17)$$

$$\lambda_{0i} = \frac{w_{0i} \sum\limits_{j \neq 1} w_j}{1 - w_{0i}} \qquad (1-18)$$

$$\lambda_i^* = \sum\limits_{j \neq 1} \lambda_{0j} \qquad (1-19)$$

$$\lambda^* = \sum\limits_{j \neq 1}^{n} \lambda_{0j} \qquad (1-20)$$

$$k_i = 1 - \frac{1}{\ln\left[\dfrac{\lambda_{0i}(\lambda_i^* + w_i)}{\lambda^* w_i}\right]} \qquad (1-21)$$

1.3.3 组合权重确定法

针对变压器状态评估中指标权重确定的主观性及反映信息变化的需要,研究人员提出了组合权重及最优权重的权重确定方法。组合权重将主观和客观权重线性加权相加,即

$$w_j = \delta\alpha_j + (1-\delta)\beta_j \qquad (j=1,2,\cdots,n) \qquad (1-22)$$

式中:α、β 为指标的主、客观权重;δ 为各评价指标主、客观权重的偏好系数。δ 的选取带有主观性,常用的方法是综合分析法,为简化计算可以取 0.5。为兼顾主观经验和客观实际情况,最优权重法选用最小方差原则对组合权重进行优化处理。假设决策中由主观和客观赋权法共 m 种,给出的权重向量为 $\lambda_k = (\lambda_{k1}, \lambda_{k2}, \cdots, \lambda_{kn})^T$,$k=1,2,\cdots,m$,其中 $\sum\limits_{j=1}^{n} \lambda_{kj} = 1$。在组合赋权中,第 i 种赋权方法所给的权重为 α_k,则不同赋权方法的权重向量为 $\alpha = (\alpha_1, \alpha_2, \cdots, \alpha_n)^T$,$\sum\limits_{k=1}^{m} \alpha_k = 1$。使得决策结果与主客观方法得到的总偏差最小的加权权重即是最优权重,求解过程为单目标规划优化过程,模型及求解过程如下。

$$对\begin{cases} \min Q = \sum_{i=1}^{m} \sum_{k=1}^{l} \sum_{j=1}^{n} (\alpha_k \lambda_{kj} - \alpha_j \lambda_{ij})^2 \\ \sum_{k=1}^{l} \alpha_k = 1 \end{cases}$$
利用拉格朗日常数法求解,即可求出最优权

重向量 $\alpha^* = (\alpha_1, \alpha_2, \cdots, \alpha_n)^{\mathrm{T}}$。

1.4　变压器状态评估变量模型

能反映变压器状态信息的指标比较多,包括变压器油中溶解气体、电气试验、绝缘油试验和运行检修记录等。各指标的表征信息不同,反映了变压器不同部件的不同状态。对各指标进行量化是进行变压器状态综合评估的基础。

状态变量函数是变压器指标量化的一种方法,它用来表示各指标偏离正常状态的程度。常见的变压器状态变量函数介绍如下。

1.4.1　油中溶解气体

油中溶解气体体积分数小于规程规定的最小值 $\varphi_{\min}$ 时,认为变压器状态正常,状态值 $s_i = 1$;大于规定的最大值 $\varphi_{\max}$ 时认为变压器故障,$s_i = 0$。在正常状态和故障之间,用状态变量函数 $x(k)$ 来表示,可以写为

$$x(k) = 1 - \frac{x(k) - \varphi_{\min}(k)}{\varphi_{\max}(k) - \varphi_{\min}(k)} \qquad (k = 1, 2, \cdots, n) \tag{1-23}$$

式中　n——指标个数。

1.4.2　绝缘油试验

绝缘油试验中选取击穿电压、油中水分、油酸值和介质损耗四个特征量作为状态量,其中介质损耗指标可以用线性插值来量化其状态,其余三个指标用半哥西分布函数处理比较合适。半哥西分布函数可以表示为

$$\mu_p(x) = \begin{cases} 0 & (x \leqslant a) \\ \dfrac{1}{1 + \alpha(x-a)^{-\beta}} & (x > a, \alpha > 0, \beta > 0) \end{cases} \tag{1-24}$$

$$\mu_d(x) = \begin{cases} 1 & (x \leqslant a) \\ \dfrac{1}{1 + \alpha(x-a)^{\beta}} & (x > a, \alpha > 0, \beta > 0) \end{cases} \tag{1-25}$$

式中:x 为实际测量值;a 为其边界值;α、β 为形状参数。式(1-24)为升半哥西分布函数,用来处理油击穿电压,式(1-25)为降半哥西分布函数,用来处理油中水分和酸值。根据规

程规定的数值确定相应的状态值,利用两个状态联立方程可以确定形状参数。确定的状态方程分别为

$$s_2 = \mu_p(x) = \begin{cases} 0 & (x \leqslant 35) \\ \dfrac{1}{1 + 1\,458(x - 35)^{-3.9}} & (x > 35) \end{cases} \quad (1\text{-}26)$$

$$s_3 = \begin{cases} 1 & (x \leqslant 10) \\ \dfrac{1}{1 + 0.002(x - 10)^{-2.6}} & (x > 10) \end{cases} \quad (1\text{-}27)$$

$$s_4 = \begin{cases} 1 & (x \leqslant 0.03) \\ \dfrac{1}{1 + 80(x - 0.03)^2} & (x > 0.03) \end{cases} \quad (1\text{-}28)$$

1.4.3　电气试验

电气试验指标的状态函数可以用劣化程度来表示。考虑电气试验指标当前值与变压器投运时指标初始值的变化情况,当变压器指标变化超过30%但还没达到注意值时,以注意值的1−30%(戒下型)或1+30%(戒上型)作为阈值,否则以注意值作为阈值。状态值的计算式为

$$s_i(x) = \frac{x - c_q}{c_0 - c_q} \quad (1\text{-}29)$$

式中:c_0为指标出厂试验值;对于绝缘电阻等戒下型指标,$c_q = \max\{70\% c_0, c_g\}$;对于介质损耗因素等戒上型指标,$c_q = \max\{130\% c_0, c_g\}$。$c_g$为规程规定的指标注意值。若$s_i < 0$,则$s_i = 0$;若$s_i > 1$,则$s_i = 1$。

1.4.4　其他模型

变压器状态评估中,虽然能给出全面的评分项目,但无法给出严格的评分标准,评分模型的选取也具有不确定性,主要体现在指标层的隶属函数上。常见的隶属函数包括相对劣化度、三角形、梯形、正态云物元等。半梯形模型计算简单且与其他复杂的模型计算结果相差不大,其数学表达式如下

$$f(x) = \begin{cases} 100 & (0 \leqslant x < a) \\ 100\left(1 - \dfrac{x - a}{b - a}\right) & (a \leqslant x < b) \\ 0 & (b \leqslant x) \end{cases} \quad (1\text{-}30)$$

式中:a、b为模型阈值;x为评分参数的测量值或计算值;$f(x)$是评价指标的得分值,根据评分参数的界限值情况可以分为升半梯形和降半梯形。

参 考 文 献

[1] 赵文清,朱永利.电力变压器状态评估综述[J].变压器,2007,44(11):9-12,74.

[2] 纪航,朱永利,郭伟.基于模糊综合评价的变压器状态评分方法研究[J].继电器,2006,34(5):29-33.

[3] 廖瑞金,黄飞龙,杨丽君,等.多信息量融合的电力变压器状态评估模型[J].高电压技术,2010,36(6):1455-1460.

[4] 廖瑞金,王谦,骆思佳,等.基于模糊综合评判的电力变压器运行状态评估模型[J].电力系统自动化,2008,32(3):70-75.

[5] 熊浩,孙才新,张昀,等.电力变压器运行状态的灰色层次评估模型[J].电力系统自动化,2007,31(7):55-60.

[6] 杜林,袁蕾,熊浩,等.电力变压器运行状态可拓层次评估[J].高电压技术,2011,37(4):897-903.

[7] 俞乾,李卫国,罗日成.基于层次分析法的大型变压器状态评价量化方法研究[J].湖南大学学报(自然科学版),2011,38(10):56-60.

[8] 张正,罗日成,伍珊珊,等.带惩罚变权的大型变压器状态模糊层次评价方法[J].长沙理工大学学报(自然科学版),2012,9(3):51-56.

[9] 梁永亮,李可军,牛林,等.变压器不确定性多层次状态评估模型[J].电力系统自动化,2013,37(22):73-78.

[10] 张晶晶,许修乐,丁明,等.基于模糊层次分析法的变压器状态评估[J].电力系统保护与控制,2017,45(3):75-81.

[11] 谢红玲,律方成.基于信息融合的变压器状态评估方法研究[J].华北电力大学学报,2006,33(2):8-11.

[12] 董明,严璋,杨莉,等.基于证据推理的电力变压器故障诊断策略[J].中国电机工程学报,2006,26(1):106-114.

[13] 朱承治,郭创新,孙旻,等.基于改进证据推理的变压器状态评估研究[J].高电压技术,2008,34(11):2332-2337.

[14] 李建坡,赵继印,郑蕊蕊,等.基于灰靶理论的电力变压器状态评估新方法[J].吉林大学学报(工学版),2008,38(1):201-205.

[15] 郑蕊蕊,赵继印,吴宝春,等.基于加权灰靶理论的电力变压器绝缘状态分级评估方法[J].电工技术学报,2008,23(8):60-66.

[16] 郑玲峰,王建元,白志亮,等.用改进灰靶理论评价变压器状态[J].中国电力,2011,44(1):28-31.

[17] 赵文清,朱永利,姜波,等.基于贝叶斯网络的电力变压器状态评估[J].高电压技术,2008,34(5):1032-1039.

[18] 符杨,乔飞.基于智能技术的电力变压器状态综合分析方法[J].上海电力学院学报,2004,20(3):1-6.

[19] 廖瑞金,汪可,周天春,等.采用局部放电因子向量评估油纸绝缘热老化状态的一种方法[J].电工技术学报,2010,25(9):28-34.

[20] 唐麟,张宏鹏.基于 BP 网络改进模糊评判隶属度函数的变压器状态评估[J].计算机与数字工程,2016,44(3):414-417.

[21] 吴莹,俞乾,罗日成,等.FAHP 和 ANN 在电力变压器风险评估中的应用[J].长沙理工大学学报(自然科学版),2011,8(3):56-60.

[22] 阮羚,谢齐家,高胜友,等.人工神经网络和信息融合技术在变压器状态评估中的应用[J].高电压技术,2014,40(3):822-828.

[23] 朱永利,申涛,李强.基于支持向量机和 DGA 的变压器状态评估方法[J].电力系统及其自动化学报,2008,20(6):111-115.

[24] 吴米佳,卢锦玲.基于改进粒子群算法与支持向量机的变压器状态评估[J].电力科学与工程,2011,27(3):27-31.

[25] 张哲,赵文清,朱永利,等.基于支持向量回归的电力变压器状态评估[J].电力自动化设备,2010,30(4):81-84.

[26] 郭少飞,徐玉琴,苑立国,等.基于模糊综合评判和支持向量回归的变压器状态评估方法[J].电力科学与工程,2012,28(9):5-9.

[27] 尚海昆,徐扬,苑津莎,等.基于主动学习 SVM 的变压器局部放电模式识别[J].华北电力大学学报(自然科学版),2013,40(4):27-31,106.

[28] 熊浩,孙才新,杜鹏,等.基于物元理论的电力变压器状态综合评估[J].重庆大学学报(自然科学版),2006,29(10):24-28.

[29] 杨丽徙,于发威,包毅.基于物元理论的变压器绝缘状态分级评估[J].电力自动化设备,2010,30(6):55-59.

[30] 吴奕,朱海兵,周志成,等.基于熵权模糊物元和主元分析的变压器状态评价[J].电力系统保护与控制,2015,43(17):1-7.

[31] 骆思佳,刘昕鹤,吕启深,等.基于物元分析法的电力变压器套管健康状态评估[J].高压电器,2015,51(7):177-184.

[32] 谢庆,律方成,郑娜,等.基于可拓理论的变压器状态综合评估[J].高压电器,2008,44(4):308-311.

[33] 廖瑞金,张镜议,黄飞龙,等.基于可拓分析法的电力变压器本体绝缘状态评估[J].高电压技术,2012,38(3):521-526.

[34] 廖瑞金,郑含博,杨丽君,等.基于集对分析方法的电力变压器绝缘状态评估策略[J].电力系统自动化,2010,34(21):55-60.

[35] 俞乾,李卫国.模糊集对分析模型在大型电力变压器状态评价中的应用[J].中南大学学报(自然科学版),2013,44(2):598-603.

[36] 廖瑞金,孟繁津,周年荣,等.基于集对分析和证据理论融合的变压器内绝缘状态评估方法[J].高电压技术,2014,40(2):474-481.

[37] 张镜议,廖瑞金,杨丽君,等.基于云理论的电力变压器绝缘状态评估方法[J].电工技术学报,2012,27(5):13-20.

[38] 杨杰明,董玉坤,曲朝阳,等.基于区间权重和改进云模型的变压器状态评估[J].电力系统保护与控制,2016,44(23):102-109.

[39] 李黎,张登,谢龙君,等.采用关联规则综合分析和变权重系数的电力变压器状态评估方法[J].中

国电机工程学报,2013,33(24):22,152-159.

[40] 苗飞,任建文,汤国庆,等.基于灰色聚类与证据合成的变压器状态评估[J].高压电器,2016,52(3):50-55.

[41] 曾丹乐,杜修明,盛戈皞,等.基于因子分析法与D-S证据理论的变压器关键参量提取和状态评估[J].高压电器,2016,52(3):7-14,22.

[42] 朱永利,宫政,武中利,等.正态云模型在电力变压器状态评估中的应用[J].华北电力大学学报(自然科学版),2010,37(5):27-31.

[43] 刘从法,罗日成,雷春燕,等.基于AHP灰色定权聚类的电力变压器状态评估[J].电力自动化设备,2013,33(6):104-107,133.

[44] 陈发广,周步祥,曾澜钰.基于多信息融合的变压器运行状态评估模型[J].电力系统及其自动化学报,2013,25(4):140-144.

[45] 廖瑞金,黄飞龙,杨丽君,等.变压器状态评估指标权重计算的未确知有理数法[J].高电压技术,2010,36(9):2219-2224.

[46] 程嵘,王宇,余轩,等.电力变压器运行状态综合评判指标的权重确定[J].中国电力,2011,44(4):26-30.

[47] 李磊,熊小伏,沈智健.基于变权重的变压器状态模糊综合评价方法[J].高压电器,2014,50(7):100-105.

[48] 吴翔,何怡刚,张大波,等.基于最优权重与雷达图的变压器状态评估[J].电力系统保护与控制,2017,45(2):55-60.

第 2 章　电力变压器状态评估体系

电力变压器的状态通常由其主要组成部件的状态来决定。对大型电力变压器而言，影响其状态的部件包括本体、套管和附件。大型变压器一般为油浸式变压器，其状态主要由油纸绝缘系统的状态决定。变压器状态的变化过程实际就是油纸绝缘系统的老化过程。油纸绝缘系统的老化过程受到多种因素的影响，包括温度、湿度、电场、灰尘等。电力变压器的老化过程主要受其运行环境的影响，尤其是接入电力系统的运行情况。在电力变压器状态评估过程中，选择合适的评估指标体系和方法是关键。

2.1　油纸绝缘系统状态评估

大型变压器可以看成是一个油纸绝缘系统。油纸绝缘系统的状态评估最直接的方法是监测绝缘纸的聚合度和进行油质化验，但监测绝缘纸的聚合度和油质化验都属于对变压器绝缘系统的侵入性试验，实施难度大且容易造成变压器绝缘系统的损伤。非侵入性无损测试方法成为变压器运行管理中首选的方法。根据电气设备老化和故障规律，应同时监测变压器绝缘性能、导电性能和机械性能老化情况。在实际应用中常见的用于变压器状态评估的监测和试验项目包括：介电特性监测、化学分析方法监测、局部放电监测和绕组变形监测等。

2.1.1　油纸绝缘系统老化

变压器的老化是其性能劣化的不可逆过程，一般表现为性能的降低、缺陷出现和故障。对于高压电气设备，其绝缘性能和导电性能是监视的重点。大型变压器的主绝缘包括高压绕组与油箱之间的绝缘、高压和低压绕组之间的绝缘、相间绝缘及低压绕组与铁芯之间的绝缘。其中前三部分的电介质强度裕度很小，因此对老化很敏感；而电介质强度裕度高很多的第四部分则对老化不敏感，只有那些老化程度高的因素才会对其造成影响。

导致变压器主绝缘中显著缺陷的因素包括：①绝缘纤维中的水分；②油中的水分、颗粒物和老化产物；③绝缘表面污染物，主要是纤维绝缘表面吸附的极性老化产物或导电颗粒与不溶性老化产物；④绝缘结构中的局部放电。绝缘中的杂质和水分会改变绝缘的电介质参数，比如电导、电介质和介质损耗因数，特别是温度，这些因素又作用于整个变压器,引起其介电特性的变化。变压器缺陷可以分为可修复缺陷和不可修复缺陷,其中与过量的水分、油污染和表面污染相关的缺陷是可修复缺陷;而由局部放电造成的缺陷大多是不可修复的。除主绝缘外其他部位的缺陷,比如绕组匝间绝缘和铁芯绝缘、过热导致的加速老化及绝缘表面污染等,由于变压器绕组的电容效应,对整个变压器的介电特性影响很小。这些部位的绝缘缺陷一般情况下是很难监测到的,只有通过严重的局部放电和大量气体的产生才能得到反映。

根据有关文献对变压器故障的分析,可以将变压器故障模式分为以下几种:

(1)严重的变压器油污染(主要是油中自由状态的水)和快速的温度变化导致额定电压下的局部放电,从而引发变压器故障。

(2)绝缘表面污染、水分和快速的温度变化导致局部放电,从而引发变压器闪络故障。

(3)颗粒物污染和操作过电压导致严重的局部放电,从而引发变压器故障。

(4)水分和颗粒物污染(或油中的水泡)导致严重的局部放电,诱发沿面放电,从而引发变压器故障。

(5)表面污染和雷电导致表面放电,从而引发变压器闪络故障。

(6)变压器绕组形变,局部放电出现,诱发沿面放电,从而引发变压器故障。

(7)变压器绕组形变和操作过电压,线圈之间的闪络,产生气体。

根据变压器故障发展变化模式情况,可以用来监测变压器绝缘系统的缺陷及其发展情况的项目包括:局部放电、绕组变形、老化产物和介电特性。局部放电和绕组变形监测可以灵敏地反映变压器的局部缺陷,老化产物和介电特性监测可以反映变压器的整体绝缘状态。

2.1.2　介电特性监测

电介质在电场作用下会发生四种极化:电子极化、离子极化、电偶极化和界面极化。电子极化和离子极化为弹性极化,不产生功率损耗;电偶极化和界面极化为非弹性极化,要产生功率损耗。在电场作用下,这些极化形式会综合作用,前三种极化作用的电荷电流可以计算,但第四种极化作用的电荷变化无法单独计算。目前测量电介质响应的方法分为两大类:时域分析和频域分析。其中时域分析主要包括极化电流法和回复电压(电压响应)法;频域分析主要包括频域介电谱法。

2.1.2.1　极化电流法

极化电流法(Polarization and Depolarization Current)通过测量油纸绝缘系统的极化电流来实现对油纸绝缘系统状态的评估,常见的特征量包括极化电流初始值、极化电流稳定值(5 000 s)、绝缘电阻值(60 s 时施加电压与极化电流的比值)、吸收比(60 s 绝缘电阻与15 s 绝缘电阻比值)和极化指数(10 min 绝缘电阻与 1 min 绝缘电阻比值)。

油纸绝缘在老化过程中产生的水分、糠醛和有机酸等极性化合物会使油纸绝缘电导率增大。油纸绝缘系统的极化电流初始值主要与绝缘油的状态相关,极化电流稳定值则与固体绝缘有关。绝缘电阻值可以体现绝缘局部或整体受潮、绝缘击穿和绝缘整体劣化情况,吸收比和极化指数可以反映绝缘纸板的受潮情况,绝缘劣化或含水量的增加表现为绝缘电阻值减小或吸收比、极化指数减小。

2.1.2.2　回复电压法

回复电压法(Recovery Voltage Method)主要通过测量回复电压来实现对变压器绝缘纸中含水分及绝缘老化的判断。电介质在电场的作用下会发生电导和极化现象,这两种现象都受老化和水分的影响。绝缘电阻测量可以反映绝缘的电导情况,回复电压测量则是反映介质极化现象的有效方法。

回复电压法通过测量绝缘介质的极化去极化过程中的回复电压曲线,并根据曲线的特征来实现对绝缘老化状态的判断。介质在外施电压作用下发生极化现象,主要表现为介质表面出现束缚电荷和内部偶极子定向排列。撤去外施电压并短路两极后,介质表面电荷会立即释放,介质内部开始去极化现象。撤掉短路线后,介质内的去极化过程还在继续,自由电荷在电极间产生的电势差即为回复电压。回复电压曲线有三个特征量:回复电压峰值、峰值时间和起始斜率。随着时间的增长,回复电压先快速增长后缓慢衰减。回复电压降为 0 值以前的峰值称为回复电压峰值,对应的时间称为峰值时间,开路初始时刻曲线的斜率称为起始斜率。回复电压的峰值与充电电压有关,峰值时间和起始斜率则反映介质的极化情况。通常情况下,峰值时间越长(新变压器峰值时间一般大于 1 000 s),起始斜率越小,绝缘状态越好。

极化谱是反映介质极化特性的工具。在保持充电电压和充放电时间比不变的情况下,通过改变充电时间(一般为 0.02 ~ 104 s),得到一组回复电压曲线。将这些曲线中的回复峰值电压和对应的充电时间绘制成图,就是极化谱。典型的极化谱存在一个最大回复电压峰值,与之对应的充电时间称为主时间常数。油纸时间绝缘状态的改变会通过主时间常数的改变反映出来,因此可以通过分析对比油纸绝缘的极化谱和主时间常数来分析油纸绝缘的状态。实验室测试结果表明:极化谱基本与充电电压成正比,主时间常数却基本不变。老化程度越深的介质的回复电压峰值越高,主时间常数越小。固体绝缘中含水分越高,极化谱中对应的主时间常数越小,而回复电压峰值几乎不受水分含量的影响。随着温度的升高,回复电压峰值向充电时间短的方向移动。

文献[2]对 14 台变压器极化谱测试结果分析,用最小二乘法得出变压器含水量与主时间常数的关系为 $\lg\tau = 3.826\,8 - 0.877\,3M$,其中 M 指固体绝缘材料含水量,τ 为极化谱主时间常数。一般认为,新变压器固体绝缘中的含水量不大于 0.5%,运行中的变压器含水量不大于 1%。当变压器含水量达到 1.5% 且小于 2.5% 时,认为变压器绝缘已出现一定程度的老化或受潮;当变压器中含水量达到 2.5% 且小于 4% 时,认为变压器绝缘已经严重老化或受潮,应采取其他措施验证或采取措施处理。

2.1.2.3　频域介电谱法

基于在单一频率交流电压激励下获得的反映变压器状态特征量的信息不全面问题,频域介电谱法(Frequency Domain Spectroscopy)应运而生。频域介电谱法就是通过改变激励电压的频率分别测试变压器状态特征量,获得特征量频谱信息,实现对变压器状态的评估和诊断。实际应用中采用的特征量包括复相对介电常数、复电容和介质损耗因数。

文献[3]研究了油纸绝缘系统的复相对介电常数、复电容和介质损耗因数等参数随油纸绝缘状态和测试温度变化的变化规律。仿真和实验室试验表明,复相对介电常数和介质损耗因数随着油纸绝缘系统的老化在 $10^{-3} \sim 10^2$ Hz 范围内增大。现场试验测试也表明频域介电谱法可以用来评估绝缘纸内水分和油纸绝缘老化程度。对频域介电谱法的深入研究表明,水分和老化对油纸绝缘频域介电特性影响并不相同,介质损耗因数在 $10^{-3} \sim 10^2$ Hz 范围内随绝缘中水分含量的增大而增大,老化程度仅在 $10^{-3} \sim 10^{-1}$ Hz 范围影响介损的值。

特征频率对应的复电容虚部可以作为区分油纸绝缘老化和水分影响的工具。通过实验室测试分析研究表明,复电容实部在整个测试频带范围内随老化加剧而增大,复电容虚部在 $10^{-3} \sim 10^{-1}$ Hz 内随介质老化而增大,10^{-1} Hz 以上变化不大。不同水分含量的绝缘纸板的复电容虚部在 $10^{-3} \sim 10^2$ Hz 内随水分增大而增大。由此可以看出,水分和老化对绝缘纸板的复电容虚部影响的频段不同,可以选取 $10^{-3} \sim 10^{-1}$ Hz 频段作为纸板老化状态评估的依据,$10^{-1} \sim 10^2$ Hz 频段作为水分含量评估的依据。文中推荐 $f = 10^{-3}$、10^{-2}、10^{-1}、10^0、10^1 作为特征频率参量,并给出了这些频率下的复电容虚部与绝缘纸聚合度、含水量的拟合公式。书中作者还对测试温度对测量结果的影响进行了研究,发现不同温度下的频域介电谱可以沿频率轴水平方向移动到一条参考主线上。通过这种 FDS 曲线频率平移,可以将不同温度下的测量结果归算到同一温度下,从而实现不同测试条件下测试结果的比较。在曲线频率平移过程中,作者引入了“频温平移因子”α_T。定义频温平移因子为测试温度 T 下对应的复合电容频域谱曲线上某点平移前的频率 f_T 与平移后该点在复合电容主频域谱上对应的频率 f_{ref} 的比值。α_T 与测试温度 T 有拟合度非常高的指数关系。根据这一关系就可以建立不同测试温度下频域谱曲线的数量关系,实现不同测试温度下测试结果的归算。

2.1.3　化学分析方法监测

在变压器绝缘老化过程中起主要作用的是高温分解、水分解和氧化。加速老化的因素包括温度、水分和氧气。老化相关的化学反应结果是降低纤维绝缘的机械强度。在纤维绝缘老化的终极阶段,微弱的力量都可以将其折断,甚至在正常的液体绝缘流动都会对其造成损伤。值得注意的是即使最脆弱的纸绝缘也能满足电介质强度的要求。

长期以来,化学分析方法是广泛应用的对变压器整体状态评估的手段。化学分析测试项目包括绝缘油的介电强度、中和度和界面张力。介电强度的降低通常是绝缘油中水分、导电颗粒物和油泥增加的结果。绝缘油中的酸通常是油分解和氧化作用产生的,对整个油纸绝缘系统都会产生不良后果,其腐蚀作用在水分出现时会更强烈。在临界酸值突破后,绝缘系统的恶化将会更加迅速。油的酸度和界面张力之间有一定的关系,通常是界面张力的降低伴随着酸度的增加。

油中溶解气体分析是一种灵敏可靠反映油浸变压器状态的技术。变压器油在电和机械作用下会分解气体,产生气体的量与故障类型有关。严重的故障会短时间内产生大量气体,这些气体不会融入油中,会使瓦斯继电器动作。变压器慢性故障产生的少量气体会融入变压器油中。油中溶解气体分析可以监测变压器的局部放电、过热和电弧,是监测变压器慢性故障及其发展的有效手段。

油中溶解气体分析的项目包括氢气、甲烷、乙烷、乙烯、乙炔、二氧化碳、一氧化碳、氧气和氮气。通常氧气和氮气不认为是故障气体。油中溶解气体分析的准确度取决于气体脱离和识别技术。分析中还应考虑的因素包括:①变压器油的体积;②变压器油处理、脱气和维修情况;③变压器的类型,如密封式还是自由呼吸式等;④变压器抽头结构。油中气体结构的分析方法包括:可燃气体总量分析、变压器允许浓度分析、关键气体分析、气体比例分析和大卫三角分析法。

分析变压器绝缘纸老化程度的最直接方法是测量其聚合度。新变压器绝缘纸的聚合度为 1 200 左右,经过首次高温处理后为 1 000 左右。测量绝缘纸的聚合度需要采集绝缘纸的样本,这属于侵入式测试,因此一般用于绝缘纸寿命终结的判断。对预防性的定期绝缘状态评估而言,可以通过测量变压器油中呋喃的浓度来判定。其中 2-糠醛浓度与绝缘纸的聚合度有较好的对应关系,因此测量 2-糠醛浓度成为间接判断绝缘纸老化程度的手段。需要注意的是变压器绝缘纸的老化受到温度、水分和氧气等作用并不均匀,因此在热点附近的变压器绝缘纸的老化程度要比测量呋喃浓度反映的平均水平高。

2.1.4　局部放电监测

局部放电发生在高电压作用下的固体、液体和气体中,不会影响其击穿电压。然而局部放电在大多数系统运行多年后最终会导致系统故障。局部放电是绝缘系统中的慢性故障引发,被认为是绝缘系统恶化的最好信号,是绝缘系统故障的早期预警信号,可以用来作为在灾难性故障发生前采取修正性措施的标志。

利用局部放电信息评估变压器状态包含以下主要步骤。首先,应采集反映绝缘恶化的全部局部放电信息。收集到局部放电信号后,根据局部放电信号对变压器的缺陷进行识别。识别的方法一般是根据参考数据库中的放电模式确定放电的部位,从而实现对变压器缺陷的定位。最后,根据放电信息确定的变压器缺陷,实现对变压器绝缘故障的风险评价。

早期人们对电气设备内部的局部放电通过肉眼观察或听放电声音来识别,最早可以追溯到 20 世纪初期。20 世纪 20 年代随着格林桥的出现,局部放电对介质损耗因素的影响才得以被证实。直到阴极射线管和示波器的出现,局部放电的不确定性才被人们正确认识。局部放电的电压波形在 1927 年被识别,放电间隙火花的电压波形在 1932 年被捕捉到。随后适合检测电路的出现,电气设备内部的局部放电被逐渐识别,这包括变压器(1939 年)、电缆和套管(1940 年)、其他固体绝缘(20 世纪 40 年代早期)。局部放电对固体绝缘的损害效应在 1953 年被证实。

众所周知,局部放电以多种形式出现。早期人们用模拟仪器测量局部放电出现时的电气信号,通过功率频率时间和可调的坐标系来测量局部放电出现和消失的电压,这只能通过观察近似地估计放电脉冲及放电与施加电压相位的关系。20 世纪 50 年代,随着晶体控制计数器的出现,单位时间内局部放电次数及放电模式的脉冲密度才可以进行统计。随后出现了差分脉冲高度分析仪和单频道脉冲高度分析仪。20 世纪 70 年代,很快出现了局部放电脉冲高度分布分析仪、放电脉冲间隔面积、放电脉冲相位测量仪器。

局部放电的能量与频率成反比,快速上升时间的局部放电监测频率要达到 1 GHz。测量电缆、电容和变压器局部放电的商业局部放电测试仪测试频率为 30~400 kHz。这些仪器能测量到的电荷是可调的,可以直接用来测量局部放电脉冲。研究用的局部放电测试仪要能重现局部放电脉冲形状,因此其测量频段要求较高。为了得到高精度的局放脉冲信号,现场测量采用了宽频带传感器:电缆测量频段为 20 MHz,旋转机械为 0.8~1 000 MHz,母线、充气电缆和 GIS 为 1 GHz。根据 IEC 规范要求,变压器局部放电测量用传感器频带为 40~250 kHz。由于变压器绕组内部的共振效应,变压器局部放电传感器主要采用低于 200 kHz 频段的传感器。20 世纪 90 年代,局部放电测量系统中引入了快速响应的数字电路。此后,用于局部放电测量和数据采集的数字技术快速发展。需要说明的是,数字测量系统中局部放电的测量值与模拟测量系统中的测量值不完全相同,因为数字测量中的测量值取决于其采样频率、频段和储存容量。国际电工电子委员会讨论了用于测量局部放电的数字电路的多样性、可用性,有关专家也对局部放电的测量进行了讨论。

局部放电测试技术基于局部放电现象中的物理现象,如光效应、压力波、放电或化学效应等。监测局部放电的信号包括电信号、光信号、声纳信号、高频信号等。《高电压试验技术:局部放电》(IEC 60270)规定了在时域中采集局部放电脉冲信号监测局部放电的方法。利用电容、电感或电磁传感器借助高频信号可以实现对局部放电的监测,这些传感器的工作频段一般在 3~300 MHz,也有工作在特高频段 0.3~3 GHz 的。局部放电产生的压力波的声纳信号在 0.01~300 kHz 范围内,在此频段工作的声学局部放电传感器包括压电效应类、声光效应类、结构共振效应类、加速计类。当从外部可以接触局部放电源时可以利用日冕观测镜或低光放大器来监测局部放电和对放电源定位。如果无法接触放电源,则可以利用光纤电缆、瞄准器或光电二极管来监测局部放电。利用化学方法测量局部放电包括利于氢气传感器采集、油中溶解气体分析或臭氧分析。在这些监测方法中,决定监测到放电信息数量的因素主要包括:放电源的数量、传感器数量、读取到的数量和导出的数量。每种方法都有其特殊的性能和灵敏性。

随着能记录大量数据的局部放电分析仪的发展,通过对局部放电脉冲暂态过渡过程的研究成为了可能,这也提供了局部放电分析新方法。这种又被称为局部放电脉冲训练的新方法,还研究脉冲序列暂态过程中的其他参数、脉冲数和脉冲高度的时间依赖性。

局部放电测试技术的进步已经使得现场测量接近实验室测量水平,能有效滤除现场干扰,检测到微弱的局部放电信号,从而实现变压器绝缘状态的诊断。实际经验表明,现场检测灵敏度已经可以达到 20 pC(电厂)和 50 pC(500~750 kV 变电站)。成熟的变压器局部放电在线监测系统已经研发成功。

过去的 10 年中,现场更倾向于采用非破坏性局部放电测试来进行预防性诊断。采用电气测量方法很难满足这一要求。基于局部放电的物理现象特征和现有的声纳超高频传感器,现在可以在现场进行非破坏性预防诊断局部放电测试。

2.1.4.1　局部放电特征参数

局部放电脉冲的特征可以用一些参数来描述,这些参数包括放电量与时间的关系、视在放电量与测试电压的关系等。测量周期应该足够长,以便与测试电压周期内的信号进行比较。这些参数的示意见图2-1,具体描述如下。

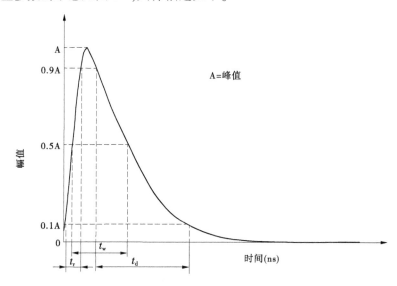

图 2-1　局部放电脉冲特征参数图示

脉冲上升时间(t_r):脉冲电压值从峰值的 10% 上升到 90% 所需的时间。

脉冲衰退时间(t_d):脉冲电压值从峰值的 90% 下降到 10% 所需的时间。

脉冲宽度(t_w):脉冲电压值上升侧 50% 峰值到衰退侧 50% 峰值时间。

脉冲区域:局部放电电荷是视在电荷—时间曲线上升侧 10% 峰值至衰退后下的面积。

视在电荷(q):对于给定的电路,在很短的时间内注入测试样品能在测量端产生与局部放电脉冲电流相同效果的电荷。视在电荷一般用皮库(pC)表示。视在电荷并不等于现场局部放电释放的全部电荷,不能直接测量。

在 IEC 60270 标准中还有一些导出的参数,这些参数介绍如下。在下述表述中,N 是指一个测量周期内观察到的局部放电脉冲数,通常观察轴为 1 s。

脉冲重复率(n):记录的观察到的脉冲数与观察时间的比值。通常考虑大于一定幅值的脉冲,或者是幅值在一定范围内的脉冲。

平均放电电流(I):在一个参考周期内单个视在放电电荷绝对值的总和与统计周期时间的比值。

平均放电功率(P):在一个参考周期内视在放电电荷作用于测试样品引起的功率。计算公式为:$P = (q_1 u_1 + q_2 u_2 + q_3 u_3 + \cdots + q_i u_i)/T_{ref}$。$u_i$ 为对应于视在电荷时刻的测试电压,T_{ref} 为统计周期。

2.1.4.2　局部放电数据模式

常用的局部放电数据分析和评价模式有三种:相位解析模式、时间解析模式和无相位时间信息数据。

相位解析模式是指对局部放电数据和测试电压相位关联度的分析。这种模式分析中假定测试电压恒定,把测试电压相位分解成一些短时间的观察窗口。局部放电检测器采集每个窗口内的准一体化脉冲信息,并根据放电幅值(q)、放电发生时刻相位(Φ)、平均放电电流(I)和放电率(n)进行量化。常用的静态分布图包括:q-Φ、n-Φ 和 I-Φ,三维图通常是 Φ-q-n 图。描述方式包括局部放电脉冲高度分布图和幅度直方图。

时域解析模式是描述局部放电随时间变化规律的数据分析模式。在这种模式下,可以观察到局部放电脉冲波形随时间的变化情况,有助于分析绝缘缺陷。因为绝缘缺陷和局部放电脉冲波形之间有直接对应关系。可以从时域解析模式中发现与绝缘老化有关的有价值信息。时域解析模式对测试仪器的要求也不高,应用中更经济。

无相位和时间信息的数据分析模式是指局部放电随施加电压的变化情况。这种模式主要是分析局部放电发生时的施加电压变化情况。为了找到局部放电发生时的施加电压,一般从较低的电压开始进行试验。

对于局部放电电气测量系统需要进行校核。校核的方法在 IEC 60270 中有具体介绍。校核中主要是确定比例系数 k。具体做法是将测试样品消能,然后将已知电量的电荷通过校验器注入测试样品中,测量标定放电量的 50%～200% 量程范围内的局部放电量。由于测试样品的电容对测量回路的特性有影响,每次测量新测试样品都需要进行校正。

2.1.4.3　局部放电测量

1. 电气测量

国际电工委员会提供了测量局部放电的电气测量回路(见图 2-2)。测量回路采用了电容电感串联形式,测量端位于电容和电感之间。测试样品中的局部放电信号经过耦合电容后遇到了高阻电感,会从测量端输出。为了便于与施加电压比较分析,测试回路中还留有施加电压信号采集通道、电容分压器。为了防止测量过程中出现高频振荡,在局部放电测量回路中电感并联了阻尼电阻。

在实际测量中,连接局部放电测试的导线应外表光滑且无棱角,否则会在测量回路中引入局部放电信号。还要注意测量环境中的电磁干扰问题,在实验室中一般采用屏蔽措施。

传统的局部放电电气测量方法主要优点包括:可以按照视在放电量进行校正测量数据;可以对不同测量试品和不同测量电路的测量结果进行比较;可以确定放电源;可以用来评价大多数电气设备绝缘情况;严格控制条件下的测量结果可以用作准确度和灵敏度

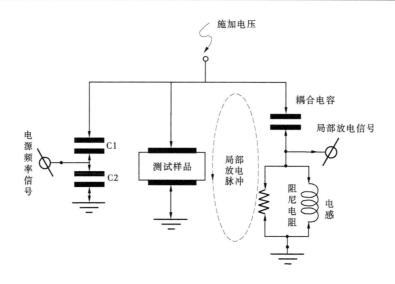

图 2-2　局部放电电气测量回路

的接受试验。

　　传统的局部放电电气测量方法的缺点包括:确定放电源比较困难;随着测试样品电容的增加测试方法的灵敏度降低;易受到电磁干扰,特别是现场测量;不适用于在线连续测量。

　　2. 声纳测量

　　与电气测量不同,声纳测量记录的不是局部放电中的电气信号特征,而是局部放电中的声纳信号。声纳测量系统不受测试样品电容的影响,不受电磁干扰,是非侵入测量方式,能提供确定放电源的有效信息,广泛应用在电气设备局部放电现场在线监测中。

　　局部放电声纳测量系统包括传感器、预防大器、过滤器和数据采集处理模块。传感器的信号先经过一个噪声预放大器放大。预放大器一般通过短电缆与传感器相连,最近的传感器已经设有内置放大环节。信号放大后送到一个带有可切换截止频率的过滤器。过滤器有时还包含一个包络检测器和隔离模块。过滤器及数据采集系统通过电缆与传感器相连,放在一个可以移动的小车上,以便在传感器周围确定合适的位置。尽管传感器不受电磁干扰影响,但相关测量回路还需要采取屏蔽等防止电磁干扰的措施。另外测量特性阻抗也需要匹配。

　　测量的局部放电波形与放电源、局放波形传播途径及传感器有关。对于变压器而言,常见的两种局部放电波形是窄头波形和蛋形包络线波形。窄头波形一般是局部放电信号主要经过绝缘油传输过来,且衰减最小。蛋形包络线波形一般是局部放电信号经过不同的材料传输的结果,比如铁、铜、绝缘等。可以根据局部放电信号的波形判断放电源的位置范围。

　　声纳传感器的选择与被测量的介质有关。声纳传感器一般是采集局部放电脉冲释放的能量传输过程中产生的波动或声音。麦克风一般用在气体测量中,电容传声器因其测量频带宽、精确度高、动态响应特性好而广泛应用在电气设备的局部放电测量中。对于电力设备而言,按其安装位置分为两大类:内置式和外置式。外置式一般用压电式传感器。内置式一般采用加速度传感器或声纳发射传感器。传感器和设备之间的连接一般采用合适声纳特性的粘合材料,确保不影响局部放电信号的采集。传感器的工作频率应避开环境噪声的影响,一般选择截止频率高于 10 kHz。截止频率高会降低传感器测量精度,因此需要在测量精度和灵敏性之间做出合理的折中选择。传感器还可以分为接触型和非接触型。对于非接地电力设备,应采用非接触型传感器,以避免由此引来的强电磁场干扰。声纳信号在空气中传播时随距离加大而迅速衰减,因此每个电压等级都设有一个最小安全距离,传感器在非接地系统中应安装在大于最小安全距离的地方。声纳传感器可以测量局部放电的峰值或有效值。声纳波幅值与局部放电释放的机械能平方根成正比。声纳波从放电源到传感器经历的时间较长,使得测量的局部放电脉冲时间较长,达到数毫秒,但局部放电中的电脉冲信号很短且重复率很高,因此声纳传感器测量的局部放电脉冲峰值与局部放电释放的能力没有直接关系,有效值才与局部放电释放的能量有关。由于声纳信号水平受传输通道影响很大,对于结构复杂的电力设备不适合采用声纳传感器测量局部放电。

声纳方法确定放电源的方法包括信号最大值搜索法和信号传输时间测量法。信号最大值搜索法是基于传感器在局部放电源最近的地方监测到的信号最强的原理。这种方法只需要一个传感器,在设备附近搜索即可。观察信号的上升时间,在放电源最近的地方监测到的局部放电信号上升时间最短,根据这一事实可以找到放电源。用一个传感器在设备周围移动,以观察到最短信号上升时间为准。信号传输时间测量法利用不同位置的传感器分别测量局部放电信号到达的不同时间,联立方程组求解可以得到放电源的位置。理论上只需要两个传感器,实际要准确确定放电源的三维坐标,需要用四个传感器。

声纳方法监测局部放电的优点包括:容易使用的、经济的、非侵入性测试方法;现场测试中抗电磁干扰性好;GIS 和变压器局放监测中可以有效地对放电源定位;对于 GIS 局部放电缺陷比较敏感,可以确定局部放电缺陷类型。

声纳方法监测局部放电的缺点包括:无法根据局部放电对声纳信号标定;连续监测局部放电不是很方便;由于声纳信号衰减得快且复杂,在变压器风险评估中用处不大;测量时间比较长。

3. 特高频测量

特高频监测局部放电技术已经应用 20 多年了,是现场连续监测局部放电的方法之一。特高频监测局部放电监测的是绝缘中放电时产生的电磁信号。绝缘中的放电可能是由空隙、颗粒、突起缺陷引起的,也可能是由接触不良引起的。典型的局部放电脉冲上升时间不到 1 ns(最近的测量为 70 ps),脉宽为几个纳秒,在频域中包含了高达数百兆赫兹带宽的频带。局部放电的特高频诊断就是捕获这些信号来实现的。与常规的基于 IEC 60270 的电气监测方法相比,特高频监测能在现场测试中获得更高信噪比的信号。这样,特高频监测方法灵敏度就比常规电气方法要高。现场实践证明,特高频局部放电监测方法能发现绝缘缺陷。

无论是 GIS 还是变压器,都是一个全封闭的金属盒子,而局部放电就发生在设备内部,因此,特高频监测需要借助传感器或耦合器采取措施捕捉设备内部的局部放电信号。电磁波在传输过程中,其高频信号部分衰减更快。测量系统中的高频噪声大多来自传感器而不是设备内的局部放电源,即使噪声和局部放电信号有着相似的频率,噪声也比局部放电信号衰减快,从而可以获得特高频局部放电监测中较高的信噪比。现场连续局部放电监测中获得的数据可以用来分析特高频局部放电监测方法的优劣,也可以通过分析总结得出有用的对测量数据的解释。

特高频放电脉冲的幅值、发生时的电压波形和脉冲时间间隔是识别绝缘缺陷的特征参数。特高频局部放电在线监测系统主要采集这三个参数。特高频局部放电在线监测系统主要包括传感器、局部放电转换盒、主处理单元和后处理单元。转换盒主要完成高频信号向低频信号的转换及噪声处理,主处理单元主要是对数据的监测处理,后处理单元完成数据的显示和存档。通常在线监测系统还包括用于分析局部放电缺陷的分析工具包和专家系统,连接传感器和数据转换盒的光纤。为了提高监测系统的灵敏度,需要匹配传感器、传输光纤和接受仪器的阻抗,一般为 50~75 Ω。

研究表明,利用特高频监测方法对变压器、GIS、高压开关等电气设备局部放电的监测灵敏度已经到达或接近 IEC 60270 标准要求。特高频监测的灵敏度可以达到几十个皮库,这已经满足国际大电网会议(CIGRE)关于变压器故障判断的标准。通常认为大于 500 pC 的局部放电是不正常的,大于 1 000 pC 的局部放电表明变压器有缺陷,大于 2 500 pC 的局部放电表明变压器有不可逆转的故障,大于 10 万 pC 的局部放电则表明变压器有严重故障。利用多个传感器测量局部放电信号的到达时间差就可以实现对局部放电源的定位。利用这种方法确定局部放电源,一个变压器需要安装三个传感器。传感器的安装位置要便于捕捉信号且容易实施。传感器的选择要考虑监测信号的特征及影响信号传输的因素。影响局部放电信号从放电源到传感器传播的因素包括噪声、测量带宽、传感器的响应时间及局部放电信号脉冲的上升时间。在测量局部放电信号传播时间时要采用相同长度的电缆连接传感器。

特高频监测局部放电方法的优点包括抗干扰性强、可以监测到设备内部局部放电及保存放电波形和频率等,其缺点也很明显,包括不能定量确定放电量、不同设备传感器不通用及高频测量成本高等。

4. 组合测量

通过电气或超高频测量方法可以确认放电活动,但风险评估中需要确定放电源的三维坐标。确定放电源位置需要至少三个位置传感器和一个时间传感器。在电气测量中无法实现多个传感器的测量,但在超高频测量中可以实现。超高频测量实践中常用三个传感器,在声纳测量中则没有此限制。声纳测量的缺点是其传感器对外界的噪声要比局部放电产生的噪声敏感。为了克服声纳测量局部放电方法的缺点,常采用声纳测量与电气测量或超高频测量组合的测量方法测量局部放电。

在组合测量方法中,电气或超高频监测信号用作启动信号,来触发声纳方法测量局部放电的过程。一般电气测量方法在实验室测量中采用,超高频测量方法多在现场采用。典型的变压器局部放电测量配置方案是在变压器排油阀上安装超高频传感器,同时在变压器油箱外壁上布置三个声纳传感器。这种组合方法测量的原理基于以下事实:机械噪声通常不会与电气或电磁信号同时存在;电气或电磁信号通常也不产生具有相似相位的机械噪声。这样,组合测量方法就增加了对现场测量中声纳传感器对雨水、雪等环境噪声的抗干扰性。组合方法中采用局部放电平均值的处理方法也大大提高了测量微弱局部放电信号的灵敏度,因为这种处理过程滤除了不想要的局部放电信号中的声纳噪声。

2.1.4.4　局部放电测量数据分析处理

局部放电信号往往受到噪声的污染,使得对其识别有点困难。从现场传感器监测到的信号中识别出局部放电信号需要对信号进行特殊处理。过滤噪声成为局部放电信号识别提取过程中的重要一环,这一环节依赖于对局部放电信号特征和知识的掌握,包括局部放电信号的带宽、主频段、波形、与系统电压的相位关系、衰减特性等,还需要了解环境干扰噪声的特征知识。

通常局部放电信号具有很短的上升时间和时延,一般不过几百纳秒。局部放电信号的波形随故障的类型、位置、绝缘特性和物理连接不同而变化。局部放电信号的带宽分布较广,因此常见的一些典型信号都可能对其造成干扰,包括离散的频谱信号,如收音机的调频信号和通信信号;重复性的脉冲,如电子设备的脉冲;随机信号,如断路器操作、雷电或高压设备发出的电晕;其他干扰,如环境和放大器噪声等。

近年来,基于小波变换的局部放电信号处理方法被广泛采用。这种方法被用来分离电气干扰信号和识别局部放电模式。小波变换信号处理方法需要借助人工专家来实现对噪声信号和局部放电信号的识别,比如设定滤除噪声的门槛值、噪声水平和观察放电的起始电压。对小波变换的改进方法是交叉小波变换,这种方法不仅可以滤除噪声还大大降低了对人工参与的要求。交叉小波变换记录了测试样本中包含噪声的局部放电信号,并将这一信号与参考电压信号叠加,进行交叉小波变换处理。这样处理后可以从交叉小波变换频谱中得到关于缺陷类型特征的各种信息。

借助计算机实现对局部放电测量信息的分析从而实现对局部放电模式的识别是现在研究的热点。特征向量信息的提取及根据指纹信息进行分类是实现计算机辅助识别局部放电模式的两大任务。研究人员采用近似和优化离散小波变换系数的方法提取特征向量信息,选用合适的方法实现了高效的放电模式识别。碎片描述技术也被用来提取特征信息,这种方法克服了传统数学模型的不足,实现了对自然不规则形状和现象的描述。基于人工神经网络的分类方法,包括反向传输网络、模块神经网络和串联神经网络等,正在得到广泛应用。用于局部放电检测和分类的方法还包括组织特征映射、学习向量量化方法、混沌逻辑分类法和粗糙集信息分类法。

脉冲序列分析法是新的局部放电信号分析方法。不再是侧重于分析与外部施加电压相位或脉冲高度的分析,脉冲顺序分析法侧重于分析与顺序有关的参数,如连续局部放电脉冲之间的电压差。这是因为导致绝缘介质内部产生放电缺陷的因素主要取决于其内部的电场情况,而与外部施加的电场关系不大。这种方法可以更精确地分析局部放电的特征,并且能区分是单个还是多个放电源发出的局部放电信号。

局部放电中的脉冲是相互关联的而不是孤立的,因为局部放电过程受到局部空间电荷的累积过程即局部空间电场的影响。这种电场的形成受到外部施加电压变化的影响,因此与传统局部放电分析放电发生的时间(相位)及某一时刻的施加电压不同,连续局部放电脉冲分析方法侧重于分析两次或多次脉冲之间外部施加电压的变化情况。因为外部施加电压的变化决定着剩余电荷的累积即局部电场的变化,从而决定着下一个局部放电的发生或熄灭。按照图2-3中列出的参数分析这种连续的脉冲之间的变化,分析这些脉冲之间的相互影响及其随绝缘老化的变化,可以更准确地分析和了解局部放电产生的物理过程。这一分析还可以揭示空间电荷累积和衰减的基本信息、相应的时间常数及正负电荷对局部空间电场的影响。

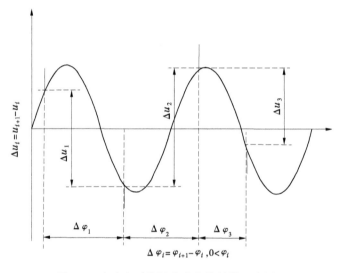

图 2-3 脉冲序列分析方法参数计算示意图

在实际应用中,常采用连续脉冲之间的外施电压瞬时值的差 Δu 作为分析局部放电脉冲序列特征的重要参数。在脉冲序列分析法中,局部放电数据按照与施加的电压频率信号同步的相位解析方式采集存储的,而不按单一的电压信号周期标注,这样就可以分析和识别缺陷的特征,如局部放电的产生。需要说明的是局部放电的产生有多种形式,包括电晕、沿面放电和绝缘内部的气隙放电,也包括单一源放电和多源放电等复杂情况。基于脉冲序列分析信息,可以获得另外两种局部放电模式:放电数量与脉冲电压差关系 $n-\Delta u$ 模式,连续脉冲发生电压差 $\Delta u_i - \Delta u_{i-1}$ 模式。这些特征模式的抽取一般用两个连续放电脉冲发生时刻的电压差除以施加电压峰值的方法计算。

通过基于脉冲序列分析的局部放电模式识别可以有效区分电晕、沿面放电和气隙放电三种典型情况,在实验室人工模拟三种放电情况的放电模式识别图谱如图2-4、图2-5

所示。多个连续脉冲的序列分析可以提供更多有价值的特征信息,三个连续脉冲序列分析的三维图如图 2-6 所示。脉冲序列分析方法的独特之处是它能识别出多个放电源放电的情况,这是传统的局部放电分析方法不能实现的。

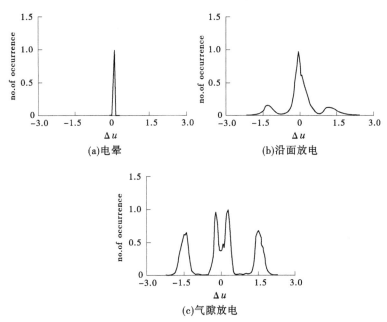

图 2-4　电晕、沿面放电和气隙放电的 n-Δu 图

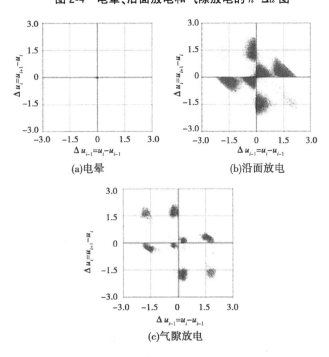

图 2-5　电晕、沿面放电和气隙放电的 Δu_i-Δu_{i-1} 图

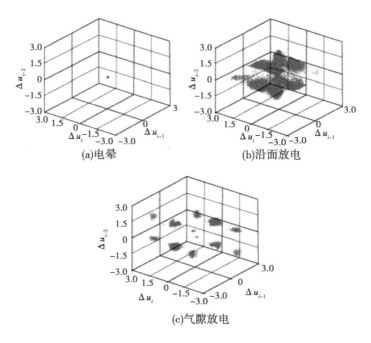

图 2-6　电晕、沿面放电和气隙放电的 Δu_i-Δu_{i-1}-Δu_{i-2} 图

2.1.5　绕组变形监测

变压器绕组变形是绕组的相对位移(轴向和径向位移)、扭曲和整体塌陷等机械性变化,可以间接反映变压器机械连接的松动情况。变压器运行过程中受到短路电流冲击后,绕组会发生变形,绕组夹紧力减弱,这些都会导致变压器绕组位移。绕组变形和绕组位移会引发变压器故障,造成变压器损坏和财产损失。

绕组变形的检测方法包括电气方法和机械方法。绕组变形的电气监测方法包括低压脉冲法、频率响应法和短路阻抗法等,其中短路阻抗法适合进行在线监测。传统的测量变压器绕组变形的方法是测量变压器的漏感,但这种方法只能检测到径向的形变。这是因为变压器绕组轴向形变引起的漏磁通变化很小,很难通过测量漏感的变化来监测。频率响应分析在过去的 20 多年中越来越多地用来评判变压器机械完整性。频率响应分析,已经成功地在制造厂和现场应用于变压器绕组和铁芯机械故障的诊断。频率响应分析中测量变压器绕组受频率影响的参数,包括绕组的开路和短路阻抗、传递阻抗、电压比等。由于绕组的形变会引起绕组电感、电容等参数的变化,这些参数的偏差会反映在频率响应分析的频谱中,因此可以通过适当的测试方法测量出来。

频率响应分析是对较广频率范围(一般是 50 Hz 到至少 1 MHz)内的变压器与频率相关参数的测量比较。比较的对象一般是健康变压器的频率响应图谱,也被称为指纹图谱,可以是以前测量的变压器频率响应图谱。但实际上这种长期运行的变压器频率响应图谱很难获得,一般就与类似的变压器频率响应图谱比较。必要时要录制变压器不同相的频率响应图谱,以便分析比较,进行诊断。不同相之间的比较是最后的选择。

变压器频率响应分析是对其频率响应图谱的图形检查,包括共振频率的出现和消失、现有共振频率的转移或衰减等。值得注意的是变压器频率响应图谱中如果有形状不规则的峰值和低谷则会在很大程度上影响比较结果。而且,变压器设计和制造公差、试验环境的设定和噪声都会使变压器频率响应分析产生误差,从而增加诊断的复杂性。频率响应图谱的解读需要专家来完成。为了克服这种局限性,学者们提供了数值和统计用的故障判据。精确的绕组高频响应模型可用于对绕组频率响应的突出特性的辅助识别,实现对频率响应的精确分析,例如对局部绕组故障导致的电路参数微小变化的效果反映。

频率响应分析中常用的两种测试方法是频扫响应分析和脉冲频率响应分析。这两种测试方法都是在一侧绕组上施加电压,在另一侧测量。频扫响应分析是测量变压器绕组正弦交流电压在整个频段内的响应,脉冲频率响应分析是测量变压器绕组对脉冲电压的响应。

为了能识别出频率响应偏差,需要滤除测试中的干扰。然而,有文献分析表明,频率响应分析受到绝缘老化、测量接头的布置、铁芯的磁化、绝缘污染等一些因素的影响。研究表明,频率响应受到变压器绕组温度和绝缘纸中水分的影响。这些都是目前证实的影响频率响应分析结果的重要因素。

由于不同负荷下变压器的激磁电流相同,可以测量两次负荷电流实现对变压器短路阻抗的在线计算。鉴于变压器后备保护和短路阻抗在线监测的交流输入量相同,可以在变压器后备保护中增设变压器短路阻抗在线监测模块,或者单独开发变压器短路阻抗在线监测系统。利用变压器漏感随绕组变形而变形的特点,采用递推最小二乘法在线估计变压器绕组漏感的方法可以实现对变压器绕组变形的在线监测。后续研究集中在提高算法的精度和速度及对变压器状态的区分上,目前还没有统一的标准。

绕组变形的机械监测方法主要是振动分析法。振动分析法通过分析绕组的机械动力学特性变化实现对变压器绕组变形的监测,使用的加速度振动传感器可以安装在变压器外壁上,不影响变压器的正常运行,易于实现在线监测,灵敏度较高。目前的研究主要集中在信号特征的提取和经验积累。其中频谱分析和加速度信号特征取得了一定的进展,并试着用来评估绕组压紧状态。研究人员还对变压器稳态及突发短路情况下变压器绕组的振动情况进行了研究。研究表明稳态条件下变压器绕组的压紧力越大,其各阶次的固有振动频率越高;绕组振动加速度随压紧力的增大呈下降趋势。突发短路冲击情况下变压器绕组的振动幅值与短路电流的大小有关,是一个先增大后衰减的过程,包络线总体呈下降趋势;包络线振荡加剧且有下降趋势表明变压器绕组有松动或变形情况;包络线呈明显增长趋势则表明变压器绕组有明显的变形。

2.1.6　绕组热点温度在线监测

变压器运行过程中产生的热是绝缘材料老化的重要因素,而各部位温度分布的不均匀性使得对热点的监测备受重视。目前绕组热点温度监测方法分为热模拟测量法、直接测量法和间接测量法。

热模拟测量法通过电热元件模拟变压器电流的热作用实现对变压器温度的测量。包含电热元件的温包放在变压器顶层油中,通过测量顶层油温和电热元件的温升可以计算出变压器绕组的热点温度。热模拟测量法通过模拟产生的附加温升虽然经过校准,但绕组的温度特性与电热元件不完全相同,测量结果误差较大。

直接测量法在变压器靠近导线部位或导线线饼中预埋温度传感器测量绕组的温度。常用的温度传感器有声频、结晶石英、荧光、红外辐射激发式、镓砷化合物晶粒光致发光等多种形式。埋入方式包括多点埋入、穿越流道间隙和线饼间隙流道出口等多种方法。直接测量法需要在绕组内埋设温度传感器,对绝缘结果设计要求较高,容易影响变压器运行安全。另外,由于热点位置不确定,这种方法不易测得真正的绕组热点温度。

间接测量法是根据简化热特性分布模型结合运行经验对热点温度的计算。强油冷却方式下的变压器绕组热点温度计算式为

$$\theta_h = \theta_a + \Delta\theta_{br}[(1+RK^2)/(1+R)]^x + 2(\Delta\theta_{imr} - \Delta\theta_{br})K^y + H_{gr}K^y \quad (2\text{-}1)$$

式中　　θ_h——热点温度,℃;

　　　　θ_a——环境温度,℃;

　　　　$\Delta\theta_{br}$——额定负荷下底部温升,K;

　　　　θ_{imr}——额定负荷下油平均温升,K;

　　　　H_{gr}——热点对绕组顶部温升,K;

　　　　K——负载系数;

　　　　x——油温指数;

　　　　y——绕组温度指数;

　　　　R——额定负载下负载损耗与空载损耗之比。

通过实时监测负荷电流及顶(底)部油温变化,就能在线监测热点温度。但此方法基于简化的热特性模型,与变压器实际情况存在差异,影响测量结果的准确性。

针对以上测量方法的不足,研究人员提出了分布式光纤测温方法。利用分布式光纤温度传感器实时测量温度场分布,实现对热点的捕捉。改进的方法是利用人工智能技术结合油中溶解气体及糠醛含量分析等多种方法实现对绕组热点温度在线监测的综合判断。

2.2　变压器健康指数

变压器健康指数用 HI 来表示。健康指数的计算采用目前广泛应用于英国和北美的变压器老化规律经验公式,反映了设备健康水平指数随时间变化的规律。HI 的取值范围为 0~10,越低越好。HI 在 3 以下表示变压器状态良好;HI 在 3~6.5 则表明变压器明显

老化;HI 大于 6.5 则表示变压器严重老化,故障发生概率明显上升。文献[9]对设备健康指数进行了细分,并给出了健康指数对应的状态等级及相应的风险等级,具体标准如表 2-1 所示。

表 2-1　变压器健康指数与故障风险

健康指数	状态等级	风险等级
$[0,1.5]$	好	无安全隐患
$(1.5,4]$	较好	很低
$(4,5.5]$	一般	低
$(5.5,7]$	差	中
$(7,10]$	很差	高

健康水平指数计算式为

$$HI = HI_0 \times e^{B(T_2-T_1)} = HI_0 \times e^{B\Delta T} \tag{2-2}$$

式中　HI——设备的最终健康水平指数;

HI_0——设备的初始健康水平指数;

B——老化系数;

T_1、T_2——设备最初和最终的投运年份。

在变压器健康评估中,在考虑绝缘随时间老化规律的基础上,常采用修正系数根据设备运行环境、试验情况对健康指数进行修正,以期得到更全面的状态评估,这就形成了变压器评估的基础级、试验级和修正级。

2.2.1　基础级

基础级主要考虑变压器的老化规律及其受到的运行条件和环境的影响。考虑这些因素后,变压器老化系数的计算式为

$$B = (\ln HI - \ln HI_0)/(T_2 - T_1) = (\ln 6.5 - \ln 0.5)/T_{exp} \tag{2-3}$$

式中:T_{exp} 为设备预期寿命,由负荷系数和环境系数对设备的设计寿命修正确定,即

$$T_{exp} = \frac{\Delta T}{f_L \times f_E} \tag{2-4}$$

变压器的负荷系数 f_L 根据表 2-2 确定。

表 2-2　变压器的负荷系数

变压器负荷率(%)	变压器负荷系数 f_L
0~40	1.00
40~60	1.05
60~70	1.10
70~80	1.25
80~100	1.30
>100	1.60

变压器负荷率是指变压器运行中所承载的平均负荷与变压器额定容量的比值。

变压器的环境系数 f_E 根据表 2-3 确定。

表 2-3　变压器的环境系数

环境恶劣等级	环境描述	变压器环境系数 f_E
0	室内	0.96
1	室外,年最高温<39 ℃,污损低	1.00
2	室外,年最高温<39 ℃,污损高	1.05
3	室外,年最高温>39 ℃,污损低	1.15
4	室外,年最高温>39 ℃,污损高	1.30

确定各系数后,变压器老化健康水平指数计算式为

$$HI_1 = 0.5 \times e^{B\Delta T} \tag{2-5}$$

式中　ΔT——设备投运年限。

在根据绝缘老化规律计算健康指数时,变压器的预期寿命 T_{exp} 起着决定作用。实际使用中变压器的服役时间常常会超过设计寿命,这就需要计算变压器的绝缘寿命 T_{ins},将

其用于变压器健康指数计算。变压器的绝缘寿命很大程度上受运行温度的影响,根据变压器运行温度计算变压器的寿命损耗,进而对变压器的绝缘寿命进行修正,可以更准确地计算根据变压器老化规律得出的健康指数。

《矿物油浸电力变压器加载指南》(IEC 60076—7)给出的变压器热点温度的计算式为

$$\Theta_{\mathrm{HST}} = \Theta_{\mathrm{a}} + \Delta\Theta_{\mathrm{TO}} + \Delta\Theta_{\mathrm{W}} \tag{2-6}$$

式中　Θ_{HST}——热点温度;

　　　Θ_{a}——环境温度;

　　　$\Delta\Theta_{\mathrm{TO}}$——顶层油温升;

　　　$\Delta\Theta_{\mathrm{W}}$——热点温度相对于顶层油温的温度差。

可以借助 Arrhenius 模型分析温度对设备绝缘寿命的影响,绝缘寿命的量化可以参考公式 $L(\Theta_{\mathrm{HST}}) = a \times \mathrm{e}^{\frac{b}{\Theta_{\mathrm{HST}}}}$,其中 a、b 为常数。

《矿物油浸电力变压器和步进调压器指南》(IEEE Std C57.91—1995)导则中给出了在额定负载和参考温度下变压器绝缘老化因子的计算式

$$F_{\mathrm{ins}} = \mathrm{e}^{\frac{15\,000}{383} - \frac{15\,000}{\Theta_{\mathrm{HST}}}} \tag{2-7}$$

对应的时间段内的绝缘寿命损耗为

$$T_1 = \sum_{i=1}^{n} F_{\mathrm{ins},i} \Delta t_i \tag{2-8}$$

式中　Δt_i——时间间隔;

　　　$F_{\mathrm{ins},i}$——时间间隔内的绝缘损耗因子。

变压器的设计寿命 T_{a} 减去绝缘寿命损耗 T_1,得到变压器的剩余绝缘寿命 T_{b},再加上变压器服役年限 T_{suv},得到变压器的绝缘寿命 T_{ins}。使用变压器的绝缘寿命需要考虑实际情况进行修正,修正计算方法如下:

(1)当服役年龄 $T_{\mathrm{suv}} < T_{\mathrm{des}} - T_{\mathrm{set}}$ 时,$T_{\mathrm{exp}} = \min(T_{\mathrm{des}}, T_{\mathrm{ins}})$。

(2)当服役年龄 $T_{\mathrm{suv}} > T_{\mathrm{des}} - T_{\mathrm{set}}$ 时,$T_{\mathrm{exp}} = T_{\mathrm{ins}}$。

2.2.2　试验级

变压器试验级健康指数主要根据有关试验数据确定,主要包括三部分:油色谱试验 $HI_{2\mathrm{a}}$、油质试验 $HI_{2\mathrm{b}}$ 和油糠醛试验 $HI_{2\mathrm{c}}$。这些指标的计算是各试验参数等级评分与其权重的加权和,具体情况分述如下。

$$HI_{2\mathrm{a}} = (S_{\mathrm{H_2}} + S_{\mathrm{CH_4}} + S_{\mathrm{C_2H_6}} + S_{\mathrm{C_2H_4}} + S_{\mathrm{C_2H_2}}) \tag{2-9}$$

$$HI_{2\mathrm{b}} = (S_{\mathrm{a}} + S_{\mathrm{c}} + S_{\mathrm{b}} + S_{\mathrm{m}}) \tag{2-10}$$

$$S_i = V_i \times C_i \tag{2-11}$$

各试验指标的权重和等级划分如表 2-4~表 2-7 所示。

表 2-4 油中溶解气体指标对应的变压器状态变量权重

变压器指标权重符号	试验指标	指标权重
C_{H_2}	氢气	0.192 3
C_{CH_4}	甲烷	0.115 4
$C_{C_2H_6}$	乙烷	0.115 4
$C_{C_2H_4}$	乙烯	0.115 4
$C_{C_2H_2}$	乙炔	0.461 5

表 2-5 油质试验指标对应的变压器状态变量权重

变压器指标权重符号	试验指标	指标权重
C_a	微水含量	0.219 1
C_c	酸值	0.219 1
C_b	介质损耗	0.342 5
C_m	击穿电压	0.219 1

表 2-6 油中溶解气体组分分级

气体	等级					
	0	2	4	8	10	16
氢气	<20	20~40	40~100		100~200	>200
甲烷	<10	10~20	20~40	40~65	65~150	>150
乙烷	<10	10~20	20~40	40~65	65~150	>150
乙烯	<10	10~20	20~40	40~65	65~150	>150
乙炔	<0.5	0.5~1	1~3	3~5	>5	

表 2-7　油质试验分级

气体	等级				
	0	2	4	8	10
微水含量	<5	5~10	10~15	>15	
酸值	<0.03	0.03~0.07	0.07~0.12	0.12~0.13	>0.13
介质损耗	<0.5	0.5~1.0	1.0~1.5	1.5~2.0	>2.0
击穿电压	>50	40~50	30~40	<30	

糠醛是绝缘材料碳碳分子链断裂的产物,直接反映绝缘材料的老化程度。碳碳链的断裂程度用聚合度表示,一般新绝缘材料的聚合度为 1 000,聚合度低于 250 应引起注意。纸聚合度(DP)与糠醛含量(FFA)的关系可用经验公式表示为

$$DP = -121 \times \ln(FFA) + 458 \tag{2-12}$$

当 $FFA=5$ 时,$DP=250$,变压器的健康水平指数 $HI=7$;当 $FFA=0.01$ 时,$DP=1\,000$,变压器的健康水平指数 $HI=0.1$;由此可以得出经验公式

$$HI_{2C} = 2.33 \times (FFA)^{0.68} \tag{2-13}$$

变压器综合健康水平指数 HI_{COM} 是综合考虑老化和试验情况后得出的指标。当 HI_1 最大时,$HI_{COM} = HI_1 \times f_{COM}$;否则,$HI_{COM} = \max(HI_{2a}, HI_{2b}, HI_{2c}) \times f_{COM}$。系数 f_{COM} 根据对应规则取值。

2.2.3　修正级

修正级主要根据变压器运行状况和故障检修情况对得出的健康指数进行修正。修正的项目以现有的《油浸式变压器(电抗器)状态评价导则》(Q/GDW 169—2008)为基础,结合在线监测系统情况,选择容易操作实现的部分项目实现对模型的修正。修正通过乘以修正系数来实现,修正系数采用主成分分析法、模糊综合评判法对各修正项目的影响权重进行确定。修正的项目包括变压器投运时间、铁芯接地电流、变压器外观等级、套管可靠等级、冷却方式、家族缺陷、近五年故障缺陷次数、近区短路和局部放电。

根据变压器投运时间对变压器健康指数的修正系数 K_{11} 随投运时间的增长而逐渐增大,变化范围为 1.00~1.09,具体情况见表 2-8。

变压器铁芯接地电流对变压器健康指数的修正系数 K_{12} 随接地电流的增长而逐渐增大,变化范围为 1.00~1.20,具体情况见表 2-9。

表 2-8　变压器投运时间修正系数

投运年限(a)	修正系数 K_{11}
[0,5]	1.00
(5,10]	1.01
(10,20]	1.02
(20,30]	1.05
>30	1.09

表 2-9　变压器铁芯接地电流修正系数

铁芯接地电流(A)	修正系数 K_{12}
0	1.00
(0,0.1]	1.05
(0.1,0.3]	1.10
>0.3	1.20

变压器外观等级对变压器健康指数的修正系数 K_{21}(见表 2-10),其计算公式为 $K_{21} = 0.9 + 0.1L$,其中 L 为变压器外观等级。选取变压器本体、冷却系统、分接开关、非电量组件四个中等级最高的进行修正。外观等级 1 表示变压器状况最佳,无损坏。

表 2-10　变压器外观等级修正系数

外观项目	外观等级 L				
	1	2	3	4	5
主箱体	1.0	1.1	1.2	1.3	1.4
冷却器及管道系统	1.0	1.1	1.2	1.3	1.4
调压开关	1.0	1.1	1.2	1.3	1.4
其他辅助机构	1.0	1.1	1.2	1.3	1.4

变压器冷却方式对变压器健康指数的修正系数 K_{22} 的取值情况见表 2-11。

表 2-11 变压器冷却方式修正系数

冷却方式	修正系数 K_{22}
油浸自冷(ONAN)	1.00
油浸风冷(ONAF)	1.00
强迫油循环冷却(OF)	0.96
强迫导向油循环冷却(OF)	0.95

变压器家族缺陷对变压器健康指数的修正系数 K_{23} 的取值情况见表 2-12。

表 2-12 变压器家族缺陷修正系数

家族缺陷	修正系数 K_{23}
同系列设备从未发生过问题	0.96
同系列设备发生过问题,但未危及运行	1.00
同系列设备发生过重复故障,存在安全隐患	1.04

变压器近五年故障情况对变压器健康指数的修正系数 K_{24} 的取值情况见表 2-13。

表 2-13 变压器近五年故障情况修正系数

故障次数	修正系数 K_{24}
0	0.96
1	1.00
2~4	1.04
5~10	1.20
>10	1.40

变压器近区短路故障情况对变压器健康指数的修正系数 K_{25} 的取值情况见表 2-14。

表 2-14 变压器近区短路故障情况修正系数

近区故障情况	修正系数 K_{25}
未发生过	1.00
发生过	1.04

变压器局部放电情况对变压器健康指数的修正系数 K_{26} 的取值情况见表 2-15。

表 2-15　变压器局部放电情况修正系数

局部放电情况	修正系数 K_{26}
不超过标准	1.00
超出标准	1.20

变压器套管可靠性等级对变压器健康指数的修正系数 K_{27} 的取值情况见表 2-16。

表 2-16　变压器套管可靠性等级修正系数

套管可靠性等级	修正系数 K_{27}
1	0.9
2	1.0
3	1.1
4	1.2
5	1.4

套管可靠性计算逻辑为:若 max(高、中、低) >1,则套管可靠性系数 F_3 等于高、中、低系数的和;若 max(高、中、低) ≤1,则套管可靠性系数 F_3 = min(高、中、低)。

若某一项指标缺失,则对应的修正系数为 1。综合修正系数 $K_{\text{com}} = \prod_{i=1}^{2} \prod_{j=1}^{7} K_{ij}$。通过修正后得到变压器的最终健康指数 $HI = HI_{\text{COM}} \times K_{\text{com}}$。

根据变压器的健康指数可以预测变压器的剩余使用寿命 EOL。一般认为,当变压器健康指数达到 7 时,变压器将进入故障高发期,可以认为变压器到了使用寿命终点。根据变压器的健康指数计算公式可以得出 $EOL = [\ln(7/HI)]/B$。

参 考 文 献

[1] 廖瑞金,孙会刚,袁泉,等.采用回复电压法分析油纸绝缘老化特征量[J].高电压技术,2011,37 (1):136-142.

[2] 彭华东,董明,刘媛,等.回复电压法用于变压器油纸绝缘老化状态评估[J].电网与清洁能源,2012, 28(9):6-12.

［3］ 廖瑞金,郝建,杨丽君,等.变压器油纸绝缘频域介电谱特性的仿真与实验研究［J］.中国电机工程学报,2010,30(22):113-119.

［4］ 杨双锁,张冠军,董明,等.基于频域介电谱试验的 750 kV 变压器绝缘状况评估［J］.高压电器,2010,46(4):16-20.

［5］ 杨丽君,齐超亮,吕彦冬,等.变压器油纸绝缘状态的频域介电谱特征参量及评估方法［J］.电工技术学报,2015,30(1):212-219.

［6］ 廖瑞金,刘捷丰,杨丽君,等.电力变压器油纸绝缘状态评估的频域介电特征参量研究［J］.电工技术学报,2015,30(6):247-254.

［7］ 梁永亮,李可军,牛林,等.变压器状态评估多层次不确定模型［J］.电力系统自动化,2013,37(22):73-78.

［8］ 李喜桂,常燕,罗运柏,等.基于健康指数的变压器剩余寿命评估［J］.高压电器,2012,48(12):80-85.

［9］ 李振柱,谢志成,熊卫红,等.考虑绝缘剩余寿命的变压器健康状态评估方法［J］.电力自动化设备,2016,36(8):137-142,169.

第 3 章　　电力变压器状态评估模型设计

　　监测和诊断是实现变压器状态评估的两个关键步骤。监测包括对变压器状态量的监视测量和警示,诊断是根据监测信息对变压器状态的评判。根据变压器故障和失效理论,电力变压器状态应监测的项目应包括绝缘性能、导电性能和机械性能三大类。监测包括定期的离线测试和连续的在线监测两种方式。对变压器的不停电监测和在线监测成为变压器状态监测的新趋势,但是现有的技术手段还不能实现对所有状态监测项目的不停电监测或在线监测,因此现阶段对变压器状态的监测需要将定期检测和在线监测相结合,实现对变压器状态的全面有效监测。

　　在变压器状态评估实践中需要解决如下问题:

　　(1)监测指标,即如何处理变压器运行信息和试验信息之间的关系。

　　(2)评估标准,即变压器状态的分级标准。

　　(3)不确定性的处理,即如何处理状态评估的有效性问题。

　　(4)在线(不停电监测)监测的应用问题。

3.1　　监测指标体系设计

　　变压器状态评估应是纵向评估与横向评估的结合。纵向评估主要是按时间序列对变压器绝缘老化情况的评估,横向评估是根据试验检测情况对变压器可靠性的评估。如何融合横向评估和纵向评估结论得出更有参考意义的状态评估结果是变压器状态评估中的关键问题。目前处理的方法有两种,一种是将横向评估作为纵向评估的验证,取两者中的最严重情况;另一种是将两种评估组合成新的评估变量,得出新的评估值。第一种方法容易操作,但缺乏理论依据,毕竟变压器老化理论与现行试验的理论不具有同质性。第二种方法需要正确处理组合方式和合理确定各部分的权重,常见的简单可行的模型是线性组合。

　　变压器状态监测指标体系的选择要能满足全面有效和便于实施的要求。现阶段对变压器状态的检测手段主要包括巡检、停电试验和在线监测,侧重于对变压器绝缘性能和导电性能的监测。变压器状态评估实践中应综合考虑变压器运行中各因素对变压器状态的影响,合理确定变压器的老化状态。变压器的老化状态可以通过考虑变压器基础信息、运行信息、试验信息和故障信息进行间接获得,这也是变压器运行实践中进行状态评估的常用方法。考虑老化规律和运行环境信息,利用变压器的健康指数实现对变压器的纵向评估。根据定期停电试验和在线监测数据实现对变压器可靠性的横向评估。将两者进行线性组合,得出新的变压器状态值,再根据故障缺陷统计规律选择合适的修正系数对状态评估结果修正。这样得到的评估结果综合考虑了各种影响变压器状态的信息,应该能全面地反映变压器的状态。

在线监测和不停电监测是在运行条件下采集的信息,能更准确地反映变压器状态,应优先考虑这些信息。在评估实践中,相同条件下优先参考使用变压器在线监测和不停电监测信息,并适当增加其权重。

3.1.1　状态变量选择

能反映变压器状态的变量较多,如何选择有效且容易实施的变压器状态监测变量成为变压器状态评估中首先要解决的问题。在长期的电力行业设备管理实践中,已经形成了比较完善的变压器设备状态检测体系,包括变压器电气试验和油化试验。这些试验项目基本可以实现对变压器绝缘性能和导电性能的检测,可以作为变压器状态评估体系的主要组成部分。

电力设备预防性试验是长期以来电力行业中常用的评判电力设备状态的有效手段。在变压器的预防性试验中,试验项目分为例行常规定期试验和针对性试验。对于定期的变压器状态评估而言,宜采用例行试验项目。近年来,正在逐步探索推广状态试验,输变电设备状态检修试验规程在 2010 年发布,为变压器状态评估提供了新的思路。带电检测和在线监测为评估变压器在运行条件下的状态提供了新手段。目前,国家电网公司等企业在变压器状态评估中考虑了变压器运行过程中承受的过热、过负荷、过电压、过电流等特殊状态过程及其对变压器状态的影响,并采取了根据权重扣分的方法,这无疑是有必要的,但对于这些因素对变压器状态影响的量化扣分带有很大的主观性。考虑到运行过程对变压器状态的影响已经体现在变压器绝缘系统状态的变化上了,在变压器状态评估体系中可以忽略这些因素。红外检测等借助人员检查的手段还无法量化,因此在变压器状态评估体系中也不考虑。在线监测手段因为最接近变压器实际运行状态应予以考虑,并增加其权重。目前的做法是根据在线监测趋势对变压器状态进行判断,并借助离线试验来进一步验证判断。

考虑到变压器状态评估量化的需要,实施中根据《输变电设备状态检修试验规程》(DL/T 393—2010)和《电力设备预防性试验规程》(DL/T 596—1996)将变压器的例行试验项目作为变压器状态评估的指标体系,分为电气试验、油中溶解气体和油绝缘特性试验。取规程中规定值作为警示值,参考目前国家电网公司标准,可以将变压器状态划分为正常、注意、异常和严重四种状态。

3.1.1.1　电气试验

大型变压器主要部件包括变压器绕组、铁芯和套管,在定期的变压器电气预防性试验中试验指标包括绕组吸收比、绕组直流电阻、绕组介质损耗、铁芯接地电阻和套管介损。这些指标主要分为两类:极大值型和极小值型。极大值型指标包括绕组吸收比和铁芯接地电阻,这些指标测试数值越大变压器状态越好。极小值型指标包括绕组直流电阻和套管介损,这些指标中测试数值越小越好,与初值或上次测量值比较,不应有明显变化(一般取30%)。受温度影响的测量指标初值取交接试验测量值,比较时应换算到同一温度下进行。不受温度影响的测量指标初值可以取出厂试验测量值。

绕组绝缘电阻测量是衡量绕组对地绝缘的有效手段,衡量指标包括绝对值、吸收比和极化指数。绝对值测量是基础,吸收比是60 s与15 s时绝缘电阻值的比,极化指数是10 min与1 min时绝缘电阻值的比,吸收比和极化指数可以克服绝缘电阻测量受温度影响的缺点。《输变电设备状态检修试验规程》(DL/T 393—2010)中给出的绕组绝缘电阻注意值是10 000 MΩ,即变压器绕组绝缘电阻不应低于10 000 MΩ,与前一次比较不应有显著下降。《电力设备预防性试验规程》(DL/T 596—1996)和《输变电设备状态检修试验规程》(DL/T 393—2010)给出的标准是,在常温(10~30 ℃)下测量,吸收比应不小于1.3,极化指数应不小于1.5。大容量吸收时间长的设备如大型变压器应采用极化指数,状态良好的变压器极化指数可以达到3~4。

绕组直流电阻测量是衡量绕组短路、断路的有效手段,衡量指标是直流电阻。根据《电力设备预防性试验规程》(DL/T 596—1996),1.6 MVA以上变压器各相绕组间的直流电阻值差别不应大于平均值的2%;与以前相同部位测量值比较,差别不应大于2%。《输变电设备状态检修试验规程》(DL/T 393—2010)也将变压器直流电阻差值的2%作为警示值。由于直流电阻测量受温度影响,变压器状态评价中直流电阻初值选为交接试验中测量值。

绕组介质损耗测量是衡量绕组局部受潮的有效手段,衡量指标是介质损耗因数正切值 $\tan\sigma$。根据《电力设备预防性试验规程》(DL/T 596—1996),66~220 kV等级变压器介质损耗不大于0.8%,且测量值不应有显著变化。《输变电设备状态检修试验规程》(DL/T 393—2010)中将此标准列为注意值。同样,介质损耗测量也受温度影响,初值取交接试验中的测量值。

铁芯接地绝缘电阻是反映变压器铁芯绝缘情况的重要指标,且便于测量,考虑作为评价指标。《电力设备预防性试验规程》(DL/T 596—1996)没有给出对铁芯接地绝缘电阻的规定,只是要求不应有明显变化。《输变电设备状态检修试验规程》(DL/T 393—2010)中将变压器铁芯接地绝缘电阻的注意值规定为100 MΩ。铁芯接地绝缘电阻初值取交接试验中测量值。

变压器套管的状态监测指标包括绝缘电阻和介质损耗因数。《电力设备预防性试验规程》(DL/T 596—1996)给出了套管绝缘电阻值:主绝缘对地绝缘电阻值应不低于10 000 MΩ,电容型套管末屏对地绝缘电阻值应不低于1 000 MΩ。规程中规定,220 kV以上电压等级变压器油纸电容型套管的介质损耗正切值指标不大于0.8%(20 ℃)。当电容型套管末屏对地绝缘电阻小于1 000 MΩ时,应测量介质损耗,且介质损耗不大于2%。

电容型套管的电容值与出厂值或上一次测量值相比偏差超过 5% 时应查明原因。《输变电设备状态检修试验规程》(DL/T 393—2010)中将油浸套管介质损耗因数的注意值规定为 0.007,电容量初值的 5% 作为警示值。变压器套管状态监测指标初值取交接试验值。

为了便于下一步的变压器状态信息融合评估,需要将各指标进行归一化处理。为此,对于变压器电气试验,引入状态量函数 s_i。考虑电气试验指标当前值与变压器投运时指标初始值的变化情况,当变压器指标变化超过 30% 但还没达到注意值时,以注意值的 1−30%(戒下型)或 1+30%(戒上型)作为阈值,否则以注意值作为阈值。状态值计算式为

$$s_i(x) = \frac{x - c_q}{c_0 - c_q} \tag{3-1}$$

式中:c_0 为指标出厂试验值,对绝缘电阻等戒下型指标,$c_q = \max\{70\% \, c_0, c_g\}$;对于介质损耗因素等戒上型指标,$c_q = \min\{130\% \, c_0, c_g\}$。$c_g$ 为规程规定的指标注意值。若 $s_i < 0$,则 $s_i = 0$;若 $s_i > 1$,则 $s_i = 1$。

电气试验指标对应的变压器状态变量见表 3-1。

表 3-1　电气试验指标对应的变压器状态变量

变压器状态变量	电气试验指标
S_{11}	铁芯接地电阻
S_{12}	绕组直流电阻不平衡率
S_{13}	绕组吸收比
S_{14}	绕组介质损耗
S_{15}	套管介质损耗
S_{16}	套管绝缘电阻

3.1.1.2　油中溶解气体

油浸变压器中溶解气体分析是判断变压器绝缘状态的有效手段之一。油中溶解气体成分的不同可以反映不同的变压器异常和故障情况。油中溶解气体是变压器固体绝缘和油在变压器运行中受热和电作用产生的气体。当产生的气体多于油的溶解能力时,气体会溢出进入气体继电器中,此时往往对应着较为严重的变压器故障。对于变压器状态分析而言,主要针对变压器运行过程中固体绝缘和油缓慢变化产生的气体,这些气体溶解在油中,不足以对变压器运行构成威胁,但却是变压器绝缘状态变化的重要指标。

《电力设备预防性试验规程》(DL/T 596—1996)和《输变电设备状态检修试验规程》(DL/T 393—2010)中规定的油浸变压器油中溶解气体的监测指标主要包括总烃、氢气和

乙炔,总烃是甲烷、乙烷、乙烯和乙炔的总称。两部规程中给出的 220 kV 变压器油中溶解气体注意值分别为:150 μL/L(总烃、氢气)和 5 μL/L(乙炔)。单根据变压器油中溶解气体组分绝对值很难做出正确判断,往往需要结合气体产气速率进行判断。《输变电设备状态检修试验规程》(DL/T 393—2010)和《变压器油中溶解气体分析和判断导则》(DL/T 722—2014)中给出的气体产气速率注意值:氢气为 10 mL/d,乙炔为 0.2 mL/d,总烃为 12 mL/d,一氧化碳为 100 mL/d,二氧化碳为 200 mL/d,开放式对应注意值减少为一半。由于产气速率受电压等级、油体积等因素影响,相对产气速率在标准制定执行更具有参考价值。油中溶解气体的初值取变压器投运初期稳定后的数值。

油中溶解气体体积分数小于规程规定的最小值 φ_{min} 时,认为变压器状态正常,状态变量 $S_i = 1$;大于规定的最大值 φ_{max} 时,认为变压器故障,$S_i = 0$。在正常状态和故障之间,用状态变量函数 $S(k)$ 来表示,可以写为

$$S(k) = 1 - \frac{x(k) - \varphi_{min}(k)}{\varphi_{max}(k) - \varphi_{min}(k)} \qquad (k = 1,2,\cdots,n) \tag{3-2}$$

式中　k——指标个数。

油中溶解气体指标对应的变压器状态变量见表 3-2。

表 3-2　油中溶解气体指标对应的变压器状态变量

变压器状态变量	试验指标
S_{21}	总烃
S_{22}	氢气
S_{23}	乙炔
S_{24}	总烃相对产气速率

3.1.1.3　油绝缘特性试验

变压器中油绝缘特性试验是衡量变压器油绝缘状态及其变化的有效手段,常见的试验项目包括外观检查、击穿电压、水分含量、介质损耗因数、酸值、油中含气量、水溶性酸 pH 值、闪点等。《电力设备预防性试验规程》(DL/T 596—1996)中给出了不同电压等级变压器不同条件下的试验项目,《输变电设备状态检修试验规程》(DL/T 393—2010)中把前六项列为常规例行试验项目,同时对有关标准进行了细化和修订。在后者中,对变压器油外观状态进行了细化,根据颜色深浅(淡黄色、黄色、深黄色、棕褐色)分为好油、较好的油、轻度老化的油和老化的油。状态检修试验规程中将击穿电压列为警示值,220 kV 电压等级变压器油击穿电压警示值为 40 kV。状态检修试验规程中给出了水分含量、介质损耗因数和酸值的注意值,220 kV 电压等级变压器油对应的指标分别为 25 mg/L、0.04 和 0.1 mg(KOH)/g。《输变电设备状态检修试验规程》(DL/T 393—2010)给出了变压器

油的诊断性试验项目,包括界面张力、体积电阻率、油泥及沉淀物、抗氧化剂含量和油相容性试验。在变压器状态定期评估中需要进行常规试验即可。这些试验项目的初值可以选择交接试验中的测试值。

绝缘油特性试验中选取击穿电压、油中水分、油酸值和介质损耗四个特征量作为状态量,其中介质损耗指标可以用线性差值来量化其状态,其余三个指标用半哥西分布函数处理比较合适。半哥西分布函数可以表示为

$$\mu_p(x) = \begin{cases} 0 & (x \le a) \\ \dfrac{1}{1 + \alpha(x-a)^{-\beta}} & (x > a, \alpha > 0, \beta > 0) \end{cases} \quad (3\text{-}3)$$

$$\mu_d(x) = \begin{cases} 1 & (x \le a) \\ \dfrac{1}{1 + \alpha(x-a)^{\beta}} & (x > a, \alpha > 0, \beta > 0) \end{cases} \quad (3\text{-}4)$$

式中:x 为实际测量值;a 为其边界值;α、β 为形状参数。式(3-3)为升半哥西分布函数,用来处理油击穿电压,式(3-4)为降半哥西分布函数,用来处理油中水分和酸值。根据规程规定的数值确定相应的状态值,利用两个状态联立方程可以确定形状参数。确定的状态方程分别为

$$s_{31} = \mu_p(x) = \begin{cases} 0 & (x \le 40) \\ \dfrac{1}{1 + 1\,458(x-40)^{-3.9}} & (x > 40) \end{cases} \quad (3\text{-}5)$$

$$s_{32} = \begin{cases} 1 & (x \le 10) \\ \dfrac{1}{1 + 0.002(x-10)^{-2.6}} & (x > 10) \end{cases} \quad (3\text{-}6)$$

$$s_{33} = \begin{cases} 1 & (x \le 0.03) \\ \dfrac{1}{1 + 80(x-0.03)^2} & (x > 0.03) \end{cases} \quad (3\text{-}7)$$

油绝缘特性试验指标对应的变压器状态变量见表3-3。

表 3-3　油绝缘特性试验指标对应的变压器状态变量

变压器状态变量	试验指标
S_{31}	油击穿电压
S_{32}	油中水分
S_{33}	油酸值
S_{34}	油介质损耗

3.1.2 状态信息融合

对变压器状态的评估需要综合考虑变压器状态监测指标,将多种状态量融合,形成一个综合指标。多状态变量的融合过程中,合理确定各状态变量的权重是关键。在确定各状态量权重时,最基本的方法是层次分析法,在此基础上引入考虑状态变化量信息的熵信息变权重确定及考虑主客观方法的综合权重确定法,以确定最优权重。

首先将变压器评估体系分为两层,再分别确定其权重。第一层指标为电气试验 S_1、油中溶解气体 S_2 和油化验分析 S_3,第二层指标为第一层指标的分指标,即本评估指标体系中的状态变量 $S_{11} \sim S_{16}$、$S_{21} \sim S_{25}$、$S_{31} \sim S_{34}$。各指标权重的确定参考文献[13]中的最优权重确定方法,第一层指标的权重分别为 0.366 5、0.397 4 和 0.236 1,第二层指标的权重如表3-4~表3-6所示。

表3-4 电气试验指标对应的变压器状态变量权重

变压器状态变量	试验指标	指标权重
S_{11}	铁芯接地电阻	0.266 0
S_{12}	绕组直流电阻不平衡率	0.145 2
S_{13}	绕组吸收比	0.136 1
S_{14}	绕组介质损耗	0.097 3
S_{15}	套管介质损耗	0.236 9
S_{16}	套管绝缘电阻	0.118 5

表3-5 油中溶解气体指标对应的变压器状态变量权重

变压器状态变量	试验指标	指标权重
S_{21}	总烃	0.154 7
S_{22}	氢气	0.132 1
S_{23}	乙炔	0.453 5
S_{24}	总烃相对产气速率	0.135 2
S_{25}	CO 相对产气速率	0.124 5

表 3-6　油绝缘特性试验指标对应的变压器状态变量权重

变压器状态变量	试验指标	指标权重
S_{31}	油中水分	0.345 2
S_{32}	油酸值	0.213 2
S_{33}	油介质损耗	0.200 1
S_{34}	油击穿电压	0.241 5

　　综合指标的确定从最低层开始,将第二层指标加权求和得到第一层指标值,再加权求和得到变压器状态的综合评估值。根据预先对设备状态的分级标准,确定变压器状态等级,从而制定对应的检修策略。

　　目前对变压器状态的分级没有统一的标准,常见的是对设备状态值平均划分及在此基础上做的修正。结合变压器老化规律给出一种状态分级标准作为参考(见表 3-7)。

表 3-7　状态值及其描述

状态值综合指标	状态名称	指标状态语义描述
$(0.70, 1.00]$	正常	状态良好,状态量稳定且在规程规定的注意值之内
$(0.55, 0.70]$	注意	注意状态,状态量朝规程规定的注意值方向发展,需加强分析监测
$(0.35, 0.55]$	异常	状态量变化较大,已接近或超过标准限值,适时安排停电检修
$[0.00, 0.35]$	严重	状态量严重超过标准限值,需要尽快安排停电检修

3.2　状态标准的确定

　　评估标准是进行变压器状态评估的依据,进行变压器状态评估,首先要确定评估标准。目前还没有统一的变压器状态评估标准,常见的做法是将变压器评估指标值的最优值和公认的现有标准中的注意值(警示值)作为起点和终点,在此范围内进行平均划分并进行适当的修正。参考行业内的做法,将变压器状态分为正常、注意、异常和严重四个状态等级。综合考虑研究文献中常见的变压器状态划分标准,设备状态值对设备状态的划分标准如表 3-8 所示。

表 3-8　状态划分标准（一）

状态值	状态名称	指标状态语义描述
1.00~0.70	正常	状态良好,状态量稳定且在规程规定的注意值之内
0.69~0.50	注意	状态量朝规程规定的注意值方向发展,需加强分析监测
0.49~0.30	异常	状态量变化较大,已接近或超过标准限值,适时安排停电检修
0.29~0.00	严重	状态量严重超过标准限值,需要尽快安排停电检修

上述状态描述与最新的水电站设备状态检修导则中对设备状态的描述一致,"注意"是指状态指标值朝标准规定值方向发展,"异常"是指接近标准注意值,"严重"为严重超过标准注意值。可见上述设备状态划分方法对"严重"状态的划分不准确,应将上述范围延伸。如果取数值的30%作为显著性差异,则在正常值附近±30%范围内都认为是正常,注意值附近±30%范围内为接近注意值,状态划分标准应该修正为表3-9。

表 3-9　状态划分标准（二）

状态值	状态名称	指标状态语义描述
[0.70,1.00]	正常	状态良好,状态量稳定接近最优水平
[0.30,0.70)	注意	状态量变化不大,应执行正常检测试验周期
(-0.30,0.30]	异常	状态量变化较大,已接近标准限值,应缩短检测 试验周期,适时安排停电检修
(-1.00,-0.30]	危险	状态量超过标准限值,需要尽快安排停电检修

表 3-9 中的状态指标值是经过归一化处理后的数值。各指标体系中状态量需要借助适当的状态函数进行处理,将其转化为 0~1 的数值,这样便于将各状态信息融合评估。如果状态变量统一取设备投运初期值为最优值,取规程中规定注意值为界限值,将状态值取值可以扩展到[-1,1]。

另一种实用的划分设备状态的方法是,设备各项指标都远离注意值为"正常",设备状态某一项指标接近或超出注意值为"注意",设备状态两项以上指标超出注意值则为"异常",设备状态指标严重超出注意值为"严重"。

3.3　综合评估

目前变压器评估可以分为两大类:基于时间序列的纵向评估和基于检测信息的横向评估。基于设备老化规律对当前老化节点的评估是基于时间序列的纵向评估,根据设备运行检测信息对设备可靠性的评估是横向评估。将两者结合是较为合理的评估方法。

综合评估中综合变压器老化和设备监测信息的方法有两种,一是基于层次分析法的信息融合,二是根据运行检测信息对变压器健康指数的修正。考虑到基于检测信息的变压器评估中状态值的设置为 0~1 的数值,基于变压器老化规律的变压器健康指数也应进行调整为 0~1 的数值,以便在此基础上进行融合。引入修正系数,根据运行检测信息对变压器健康指数进行修正,可以得到包含变压器运行环境信息的变压器健康指数。

为了便于与运行检测信息评估结果的融合,采用改进的变压器健康指数,使得变压器健康指数也采用 0~1 范围来表示,且数值越大表示变压器状态越好,其计算式如下

$$1 - \chi_{HI} = (1 - \chi_{HI0})e^{B(T_2 - T_1)} \tag{3-8}$$

式中:χ_{HI0} 为设备初始投运时刻 T_1 时对应的设备健康指数,取 0.95;χ_{HI} 为设备在计算时刻 T_2 时对应的设备健康指数,取值范围为 0~1;B 为老化系数。老化系数的计算与设备预期寿命有关,一种方法是采用变压器的设计寿命,另一种方法是考虑运行中温度负荷影响后的修正预期寿命。一般在设备健康指数为 0.35 时认为设备达到退役时间。

变压器运行信息对变压器状态的影响通过修正系数对设备健康指数的修正来实现。修正系数可以通过统计资料(如设备缺陷故障信息与设备可靠性的关系)根据经验来确定。在没有统计资料的情况下,根据 2.2.3 节内容确定修正系数。

3.4　不确定性的处理

变压器状态评估中存在诸多不确定因素。变压器评估中状态的确定应以指导其状态检修为导向,如何建立状态与检修周期的关系是一个逐步探索的过程。从科学的角度讲,对于未来的判断和预测都要通过未来的实践来验证,这一过程较为漫长。由于状态评估和状态检修还没有完整的先例,较为可行的做法是利用不同的评估技术或方法分别进行评估,比较得出结论的一致性,并与变压器实际状态进行比较。常用的方法是对比不同评估方法的结论,相互验证;或者借用文献中故障诊断数据对模型和方法进行验证。采用两种方法进行分别评估,利用剩余寿命计算来进行分析是对评估结论验证的方法之一。

参 考 文 献

[1] 廖瑞金,黄飞龙,杨丽君,等.多信息量融合的电力变压器状态评估模型[J].高电压技术,2010,36
(6):1455-1460.

[2] 钱政,孙焦德,袁克道,等.电力变压器绕组热点状态的在线监测技术[J].高电压技术,2003,29
(9):28-30.

[3] 高仕斌,王果.变压器绕组变形在线监测方法的改进[J].高电压技术,2002,28(9):31-33.

[4] 徐大可,李彦明.变压器绕组变形在线监测的应用研究[J].高电压技术,2001,27(4):23-24,30.

[5] 李朋,张保会,郝治国,等.基于回路平衡方程的变压器绕组变形在线监测研究[J].电力自动化设
备,2006,26(5):15-18,31.

[6] 欧小波,汲胜昌,彭晶,等.漏电抗的参数辨识技术在线监测变压器绕组变形的研究[J].高压电器,
2010,261(12):46-49.

[7] 邓祥力,熊小伏,高亮,等.基于参数辨识的变压器绕组变形在线监测方法[J].中国电机工程学报,
2014,507(28):210-218.

[8] 汲胜昌,王世山,李清泉,等.用振动信号分析法监测变压器绕组状况[J].高电压技术,2002,28
(4):12-13,15.

[9] 程锦,李延沐,汲胜昌,等.振动法在线监测变压器绕组及铁心状况[J].高电压技术,2005,31(4):
43-45,48.

[10] 汲胜昌,张凡,钱国超,等.稳态条件下变压器绕组轴向振动特性研究[J].电工电能新技术,2006,
25(1):35-38.

[11] 马宏忠,周宇,李凯,等.基于振动的变压器绕组压紧状态评估方法[J].电力系统自动化,2015,39
(18):127-132.

[12] 王丰华,李清,金之俭.振动法在线监测突发短路时变压器绕组状态[J].控制工程,2011,18(4):
596-599.

[13] 梁永亮,李可军,牛林,等.变压器不确定性多层次状态评估模型[J].电力系统自动化,2013,37
(22):73-78.

第 4 章　　油中溶解气体在线监测应用实践

不停电监测数据和在线监测数据是变压器状态评估实践中最能真实反映变压器状态的数据资料。油中溶解气体在线监测能较全面地分析变压器状态,且在现场容易实施,几乎不影响变压器运行,成为运行管理单位的首选。在实践中首先要解决在线监测的可靠性问题。

4.1　变压器绝缘劣化在油中的反应

变压器绝缘的劣化会引起变压器油中一些特征气体的产生,这些气体除少部分被固体吸收或散失外,大部分溶解在油中,从而引起变压器油中气体组分的变化。

4.1.1　油中气体的产生

油浸式电力变压器在运行过程中,其绝缘结构中的油和油中的固体有机绝缘材料长期在运行电压的作用下会逐步老化,产生一些低分子烃类和一氧化碳、二氧化碳气体。变压器内发生局部过热故障、局部放电性故障时,则会产生甲烷、乙烷、乙烯、乙炔、氢气、一氧化碳、二氧化碳等多种气体。当变压器内部发生不太严重的故障时,产生的气体较少,这些气体经过对流、扩散会溶解于油中。变压器内部发生局部过热和放电故障时,产气速率就会加快。当产气速率大于溶解速率时,来不及溶解的气体就进入了气体继电器中。

变压器内部除了会发生放电和过热故障外,还会发生螺丝松动、接触不良等机械故障和油中混入杂质等其他故障。这些故障不太容易检测,但其产生后往往会进一步发展或伴随着发热和放电故障。不同类型的故障会产生不同的气体及气体浓度,从而可以通过对油中溶解气体的监测来判断设备故障的发生及类型。

运行中的变压器内部产生气体的主要原因是发热和放电故障。油及其中的固体绝缘材料在长期负荷作用下产生损耗而发热,在热的作用下分解产生气体。同样,在电弧高温的作用下,油及固体绝缘材料也会分解产生气体。

绝缘纸及纸板的主要成分是纤维素。纤维素和油主要由碳氢化合物组成。碳氢化合物热解和在热作用下主要产生碳氧化合物、氢和甲烷气体,产气的速率与温度及绝缘材料的体积有关。

模拟试验表明:绝缘纸在 120～150 ℃下长期加热产生一氧化碳和二氧化碳,且以二氧化碳为主;在 200～800 ℃下热分解时,除产生一氧化碳和二氧化碳外,还含有氢烃类气体,且一氧化碳和二氧化碳浓度比值越高,说明热点温度越高。

变压器油主要成分是不同的碳氢化合物,包括烷烃、环烷烃、芳香烃、烯烃等,在热和电气故障的情况下,主要是碳氢或碳碳链破裂,生成活跃的氢原子和短链碳氢化合物。游离的氢原子相互结合生成氢气,碳氢结合生成甲烷、乙烷等气体,进一步组合可以生成乙烯、乙炔等气体,甚至组合成中碳链的碳氢化合物。

由模拟试验可以看出,变压器油发生故障时分解的气体有以下规律:

(1)300～800 ℃高温条件下分解产生的气体主要是低分子烷烃(如甲烷、乙烷)和低分子烯烃(如乙烯和丙烯),也含有氢气。

(2)当绝缘油暴露于电弧中时,分解气体大部分是氢气和乙炔,并有一定量的甲烷和乙烯。

(3)当发生局部放电时,绝缘油分解的气体主要是氢气、少量甲烷和乙炔,发生火花放电时,则有较多的乙炔。

4.1.2　油中气体的溶解

油纸等绝缘材料发生故障时产生的气体既可能溶解于油中,也可能释放到油面上。每一种气体在一定的温度和压力下最终将会达到其在液体中溶解和释放的平衡,即达到饱和或接近饱和状态。气体在油中的溶解度可以用奥斯特瓦尔得(Ostwald)系数 k_i 表示。

$$k_i = \frac{C_{oi}}{C_{gi}} \tag{4-1}$$

式中　　C_{oi}——在平衡条件下,溶解在油中的组分 i 浓度,$\mu L/L$;

　　　　C_{gi}——在平衡条件下,气相中的组分 i 浓度,$\mu L/L$;

　　　　k_i——组分 i 的奥斯特瓦尔得(Ostwald)系数。

气液两相达到平衡时,对特定的气体而言,$C_{oi} = k_i C_{gi}$。

k_i 用来表示 i 组分在油中的溶解度。气体在油中的溶解度与温度和压力有关。氢气、一氧化碳等溶解度低的气体在油中的含量随温度上升基本不变,而甲烷、乙烷、乙烯、乙炔、氢气、二氧化碳等溶解度高的气体在油中的含量随温度上升而下降。

变压器内部存在潜伏性故障时,若产气速率较慢,则热分解产生的气体以分子形态扩散并溶解于油中,在油中气体达到饱和以前,不会有气体释放出来;若故障存在时间较长,则油中气体达到饱和后会释放出自由气体。若变压器产气速率很高,热分解产生的气体除部分溶于油中外,还会以气泡形式上浮,把溶解于油中的氧、氮置换出来,置换程度和气泡上升速度有关。在故障早期阶段,产气量少、气泡小、上升慢,与油接触时间长,置换充分,特别对于尚未被气体溶解饱和的油,气泡可能完全溶解于油中,进入气体继电器中的几乎只有空气和溶解度低的气体,溶解度高的气体在油中的含量较高。对于突发性故障,由于产气量大、气泡大、上升快、与油接触时间短,溶解和置换过程来不及充分进行,热分解的气体就以气泡形态进入气体继电器中,使气体继电器中积存的故障特征气体比油中含量高得多,从而还可能引发"轻瓦斯"甚至"重瓦斯"报警。

4.1.3　油中气体的损失

变压器故障产生的气体会被内部固体材料吸收而减少,如一氧化碳、二氧化碳容易被绝缘纸吸收,氢气容易被碳素钢吸收。因此,某些气体可能因为吸附作用在故障初期浓度较低,而新投运的变压器则由于干燥过程中吸附的一氧化碳、二氧化碳、氢气释放而浓度较高。

变压器所带负荷的变化引起的"呼吸作用"也可能使油中气体逸散而减少。如果开放式变压器油箱中的油温升高则部分油会上升到储油柜中,与油面上的空气接触。油中气体含量和气相达到平衡过程中,逸散于气面上的气体会"呼出"储油柜外。当油温降低时,储气柜中含气量低的油部分流回油箱中,同时相当量的新鲜空气吸入储油柜中,降低了油面上气体的气相含量,从而又加速了储油柜中油中溶解气体向气相侧释放。这一过程就使得油中溶解气体减少。

4.1.4　变压器状态与油中溶解气体的关系

4.1.4.1　正常运行过程中变压器油中气体的含量

正常运行的变压器,油中气体含量很少,主要是氧气和氮气,可燃性气体(氢气、甲烷、乙烷、乙烯、乙炔、一氧化碳)含量更少,占总量(TGC)的比例在 $0.01\% \sim 0.1\%$,新油更低。正常变压器油中含氧量比空气多些,大约为 $20\% \sim 30\%$,但含氮量比空气稍少。正常变压器油中一氧化碳和二氧化碳含量比空气多,随着运行年限的增长,含量增加,这是绝缘材料老化的结果。

正常变压器油中可燃气体总量为 0.1% 以下,有轻度故障在 $0.1\% \sim 0.5\%$,故障时变压器油中的可燃气体总量在 0.5% 以上,可以根据可燃气体总量来判断变压器运行状态。

运行中的变压器油中气体含量超过表 4-1 中的含量时,应当引起注意。表中总烃是指甲烷(简写为 C_1),乙烷、乙烯和乙炔(简写为 C_2)的总和,用 C_1+C_2 表示。表中数据不适用从瓦斯继电器中的取样。

表 4-1　正常运行 220 kV 变压器油中气体含量注意值

气体组分	含量注意值($\mu L/L$)
H_2	150
C_2H_2	5
C_1+C_2	150

需要注意的是,表4-1中的"注意值"并不是故障值,而是指需要关注、查明原因、采取措施的临界值,这是国内根据6 000多台变压器油中气体测试得出的经验值。由于变压器的结构、材料、工艺及运行条件相差较大,各变压器的运行经验并不相同,因此根据6 000多台变压器油中气体测试的经验值并不一定就可以用来判断某台变压器故障。

运行经验还表明,有时气体并未达到"注意值",但是某些气体增长速度较快,也应引起重视。相反,如果气体略超过"注意值",但是历年增长速度较慢,则危险程度就要小得多。因而要考虑故障发展趋势,即故障点(如果存在)的产气速率。产气速率与故障消耗能量、故障部位、故障点的温度等情况有关。在不考虑气体损失的情况下,产气速率按如下方法计算。

(1)绝对产气速率 γ_a,即运行中每日产生的某种气体的平均值。

$$\gamma_a = \frac{(C_{i2} - C_{i1}) \times m}{\Delta t \times \rho} \tag{4-2}$$

式中　γ_a——绝对产气速率,mL/d;

　　　C_{i1}、C_{i2}——第一次和第二次检测某种气体时测得的气体浓度,μL/L;

　　　m——设备总油量,t;

　　　Δt——两次检测取样时间间隔中的实际运行时间,d;

　　　ρ——油的密度,t/m³。

(2)相对产气速率 γ_c,即运行中每月某种气体增加的原有气体百分数的平均值。

$$\gamma_c(\%) = \frac{C_{i2} - C_{i1}}{C_{i1} \times \Delta t} \times 100\% \tag{4-3}$$

式中　γ_c——相对产气速率,%/月;

　　　C_{i1}、C_{i2}——第一次和第二次检测某种气体时测得的气体浓度,μL/L;

　　　Δt——两次检测取样时间间隔中的实际运行时间,月。

变压器总烃产气速率的注意值见表4-2。

表4-2　变压器油中绝对产气速率注意值　　　　　　（单位:mL/d）

变压器油保护方式	开放式	隔膜式
总烃	6	12
乙炔	0.1	0.2
氢	5	10
一氧化碳	50	100
二氧化碳	100	200

4.1.4.2 变压器内部故障与油中气体含量的关系

变压器内部故障主要包括三类:电气故障、机械故障和热故障。其中,常见的故障是电气故障和热故障,且机械故障也大多通过电气故障和热故障表现出来。变压器绝缘材料在热和电的作用下产生气体,这些气体逐渐溶解在油中,可以通过分析油中溶解气体来判断变压器故障类型。变压器不同故障类型产生的气体也不相同,并具有一定的规律性。

由于导线过电流、铁芯局部短路及多点接地形成环流、分接开关接触不良、电磁屏蔽不良导致漏磁通集中、油道堵塞散热不良等原因造成的过热性故障,常使固体绝缘材料产生大量一氧化碳和二氧化碳气体,使油产生大量的乙烯和甲烷。随着温度升高,油产生的乙烷和氢气增加;只有油严重过热时才产生少量乙炔气体。

由于绕组匝间、层间及相间绝缘击穿、引线对地闪络或断裂、分接开关飞弧等原因引起的电气故障,使绝缘材料主要产生氢气和乙炔,其次才是乙烷和甲烷。按电气故障形成的能量大小可以将其分为高能量的电弧放电、低能量的间隙火花放电和最低能量的局部放电。引起高能量的电弧放电的主要原因是严重的绕组短路、绝缘大面积击穿故障和严重的铁芯失火、大面积短路。发生这样的严重故障时,短时间内就会产生大量气体,甚至引起爆炸,这时的气体来不及溶入油中,而是进入气体继电器中。可以从气体继电器的放气口取气样分析,这种气体主要是氢气和乙炔。引起低能量间隙火花放电的原因主要是引线及套管导电杆接触不良、分接开关接触不良、铁芯接地不稳定等。这种故障产生总烃含量不高,气体中主要是氢气和乙炔。由于变压器结构原因在冲片棱角、冲片之间及金属尖端电场增强,会发生局部放电,主要产生氢气和甲烷。当有固绝缘材料放电时就产生一氧化碳和二氧化碳气体。

变压器受潮后,油中杂质和水分容易形成"小桥",引起局部放电产生氢气。水分在电场作用下分解,以及水与铁的化学反应也会产生大量氢气。故受潮的变压器气体中,氢气含量较高。但常常是受潮伴随局部放电,特征气体含量区别不大,单靠油中溶解气体分析难以区分,还需要结合外观检查和其他试验(如局部放电检测和微水分析)来综合判断。

固体绝缘材料故障时,产生一氧化碳和二氧化碳气体。正常开放式变压器气体中一氧化碳的含量不超过 0.03%。如果总烃含量超标,一氧化碳的含量不超过 0.03%,可以认为是变压器过热;如果总烃含量不超标,一氧化碳的含量即使超过 0.03%,也可以认为变压器是正常的。发现一氧化碳超标时,应该综合分析。

由以上分析可以看出,变压器故障类型和油中气体含量的关系可以通过表 4-3 来表示。

表 4-3　不同故障类型产生的气体组分

故障类型	主要气体成分	次要气体成分
油过热	CH_4、C_2H_4	H_2、C_2H_6
油和纸过热	CH_4、C_2H_4、CO、CO_2	H_2、C_2H_6
油纸绝缘局部放电	H_2、CH_4、C_2H_2、CO	C_2H_6、CO_2
油中火花放电	C_2H_2、H_2	—
油中电弧	H_2、C_2H_2	CH_4、C_2H_4、C_2H_6
油和纸中电弧	H_2、C_2H_2、CO、CO_2	CH_4、C_2H_4、C_2H_6

注：进水受潮或油中气泡可能使氢气含量升高。

4.2　变压器油中溶解气体在线监测关键技术环节分析

　　传统的变压器绝缘油色谱分析采用气相色谱分析,主要包括取油样、从油中脱出溶解气体、用气相色谱分析仪分析气体和数据处理等环节。常规的色谱分析仪是一套庞大、精密而复杂的检测装置,且油样需要送到实验室进行分析,这样不仅分析时间长,而且采样、运输和保存过程中还会引起气体组分的变化,更不能做到实时在线监测。变压器油中溶解气体在线监测可以实时连续对变压器油中溶解气体组分进行监测,包含以下环节:

　　(1)油气分离,从变压器油中分离出溶解气体。

　　(2)气体组分分离和检测,利用气体分离技术将混合气体中的不同成分分离出来,并用气体检测器将气体浓度信号转换成电压或电流信号。

　　(3)信号的采集和处理,数据采集系统将气体浓度信号进行模数转换,转换成数字信号。

　　(4)状态评估,对数字信号进行上传处理,利用计算机系统根据采集到的信号结合变压器诊断知识和经验对变压器状态进行评估。

　　为了实现在线监测油中溶解气体组分,需要简化油中溶解气体检测装置,重点是解决气体的提取、气体组分的分离和检测,使之适合在线监测和现场检测,至于从传感器输出信号的处理、分析、记录、显示和故障诊断,原则上和其他监测系统类似。

4.2.1　取油样

　　取油样一般可以从变压器油箱下部的放油阀处放油取样。变压器运行时,由于油的对流,使各部分的溶解气体分布均匀,对产气慢的潜伏性故障所产生的气体已大致扩散均匀,故从何处取油样,其测定结果是一样的。在实际应用中取油样的地方要避开"死油"区和高温油区,且要注意避开在线监测系统检测完后返回油样对新采集油样的影响。

4.2.2　油气分离

进行油中溶解气体分析首先要将油中溶解气体分离出来。实验室气相色谱法进行油气分离的方法主要有溶解平衡法和真空法两大类。溶解平衡法目前使用的是机械振荡法,其重复性和再现性均能满足使用要求。该方法是在恒温条件下,对含有洗脱气体的密闭系统内的油样进行机械振荡,使油中溶解气体在气、液两相达到分配平衡,再通过测试气相中各组分浓度来计算出油中溶解气体组分。真空法主要采用变径活塞泵全脱气法。该法利用大气压和负压交替对变径活塞施力,借助真空与搅拌作用,并连续补入少量氮气(或氩气)到脱气室,使油中溶解气体迅速析出。

现场检测中常用的脱气方法有直接注入法、鼓泡脱气法和渗透膜脱气法。直接注入法是对传统色谱仪分离气体方法的改进。该方法采用美国通用电气公司专利技术开发的分离柱,运用氩气作为载气,在色谱分离前,将溶于油中的气体从油中喷射出来。分离柱安装在色谱仪的干燥箱内,油样容量由采样环限定,只要用气密性强的采样注射器将油样直接注入气相色谱仪即可。直接注入法的优点是效率高、安全简单,可对含气量低的油进行分析。鼓泡脱气法的脱气原理类似于机械振荡法,通过向油中吹入气体形成气泡来增加气液两相的接触面,油中溶解的组分气体被拉入空气泡并随气泡排出油面。

目前在在线监测装置中普遍采用的油气分离方法是渗透膜脱气法和真空脱气法。渗透膜脱气法利用高分子膜的透气性,可以直接从油中将气体分离出来,免去取油样、注油和脱气等环节,不仅节省了监测时间,而且简化了装置,易于实现在线连续监测的要求。渗透膜是无孔的致密膜,它能阻挡油的渗透,但可透过油中的溶解气体。当气体流向膜与膜面接触时,气体溶入膜表面,气体在浓度差的推动下,在膜内扩散,到达膜的另一表面后释出。不同材料的膜对不同气体的透过率不同。因而要根据脱气的种类选择合适的渗透膜,同时还要求膜具有良好的耐油性和耐热性。渗透膜脱气法的缺点是气室内气体浓度和油中气体浓度达到平衡的时间较长,最新研制的 M40 膜也需要 12 h 才能分离出七种故障气体,先前的渗透膜甚至需要几十个小时,对于某些气体甚至要达到几天,实时性较差。膜的透过量还受到温度的影响,温度越高,透过速度和透过量都越大,因此需要采取一定的温度补偿措施进行修正,以便于对不同气体在不同温度下透过量的比较。

真空脱气法应用到在线监测装置中的有波纹管法和真空泵法。波纹管法利用电动机带动波纹管反复压缩,多次抽真空将油中溶解气体抽出。这种方法的缺点是在波纹管空隙里的油很难完全排出,影响下一次的检测精度。真空泵法利用常规色谱分析中应用的真空脱气原理进行脱气。这种方法应注意真空泵的长期磨损对真空度的影响,从而影响油的脱气率,导致检测精度的降低。

最新的基于光声光谱技术的变压器油中溶解气体在线监测装置采用了动态顶空平衡

脱气技术,利用电磁搅拌子对采样瓶内的油样不停搅拌,大大提高了油气分离效率。

4.2.3　气体组分的分离和检测

　　气体组分分离和检测的常用方法是色谱分析。色谱分析先将从油中分离出的气体经载气带动通过色谱柱实现分离,再由鉴定器实现对各组分浓度的检测。色谱柱分离气体组分是利用各组分气体分子和固定相分子之间发生吸附和解吸作用时间的不同来实现的。色谱柱由管状物和内部填充剂组成,管内填充剂称为固定相,带动待检气体的载气称为流动相。物质在两相中达到平衡时的浓度比称为平衡系数。平衡系数大的组分被固定相吸附的量大,留在固定相中的时间就长,这样当混合气体经过色谱柱时,各组分在色谱柱中的运动速度就不相同,通过适当长度的色谱柱后,各气体组分就会先后从色谱柱中流出,完成分离。

　　气体组分的检测由鉴定器来完成。鉴定器有两大类,一类是能检测多种气体的广谱型气体检测器,另一类是只能检测某种气体的单一气体检测器。要实现气体组分的检测,一种方法是将混合气体中各组分分离后,依次经过广谱型传感器检测;另一种方法是采用多种传感器同时对混合气体中的各组分直接进行检测,此时需要注意不同传感器之间的交叉感染问题。

　　氢离子火焰检测器、热导检测器、热线性半导体传感器和红外光谱传感器都属于广谱型气体检测器。氢离子火焰检测器灵敏度高,但无法直接检测氢气、氧气、一氧化碳、二氧化碳等气体,且检测器结构复杂,配套设备多。热导检测器利用不同气体热传导率差别可以检测出氢气、甲烷、乙烷、乙烯、乙炔、氧气、一氧化碳、二氧化碳八种气体,灵敏度能满足在线检测需要,但装置结构复杂,工作环境要求较高。热线性半导体传感器用于检测还原性气体,结构简单,灵敏度能满足要求,对工作环境要求不高,但此类传感器寿命较短。红外光谱传感器利用故障特征气体(含水分,除氢气外)在中红外区有较强的特征吸收峰特点,根据相同光程条件下吸光度与气体浓度成正比的特点,定量测量除氢气外的各种气体。光声光谱测量技术中,利用声传感器对气体吸收能量后退激时产生的压力波动检测,可以测量包含氢气在内的变压器故障特征气体。

　　分布式传感器测量多种气体,交叉感染严重,需要对检测数据进行再处理。通过数学方法对气体浓度进行识别,得出的结果与传统测量方法有较大差别。

4.2.4　油中溶解气体在线监测技术分析

　　变压器油中溶解气体在线监测技术主要包括油中溶解单组分气体在线监测技术和多组分气体在线监测技术两大类。

　　单组分气体在线监测技术对油中溶解的一种气体或以它为主的混合气体进行监测。这种技术不对气体组分分离而直接测量气体体积份数,如早期引入国内的加拿大 Hydran 20li 检测器就是以监测油中溶解氢气为主的,而对油中溶解的烃类气体几乎没有反应。

　　多组分气体在线监测技术对油中溶解气体进行油气分离,再对利于判断和诊断变压器故障的多种气体进行组分分离和测量。对多组分气体进行监测必须要解决多组分气体的分离和检测两大技术问题,其技术实现和产品构成要比单组分气体在线监测复杂,相应的产品成本和价格也要高。

4.2.4.1　变压器油中溶解单组分气体在线监测技术

变压器单组分气体在线监测对象大多数为氢气及其混合气体。变压器在线监测对象首先选氢气有如下几个原因:

(1)变压器大多数故障都伴有氢气产生。

(2)变压器内部故障时最先产生的气体是氢气。

(3)大多数电气故障和油过热裂解都产生氢气。

(4)与其他气体比较,氢气最容易透过高分子渗透膜且能最快达到平衡状态。

(5)氢敏传感器研究较早,产品比较成熟。

油中溶解氢气含量监测系统组成见图4-1。

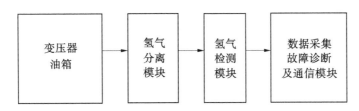

图4-1　变压器油中溶解单组分气体在线监测系统

变压器油中溶解氢气在线监测技术由于发展较早,比较成熟,现场运用比较多,但是该方法也有其局限性,具体如下:

(1)由于只能监测一种气体或其混合气体体积份数,要想知道其中气体体积组分还需要到化验室进一步化验。变压器出现故障时也因为缺乏其他气体监测数据而不能进行进一步分析。

(2)根据最新的 IEC 标准,判断变压器故障采用三比值法,这样判断变压器故障时不仅需要根据氢气还要根据其他烃类气体及其比值来判断。

(3)监测气体少,对故障的诊断的可靠性不高,现场易误判。另外变压器油箱内部及底部含有微量水分易分解产生氢气,若氢敏元件安装在变压器油箱底部则易误报。

(4)单组分气体在线监测技术油气分离一般采用薄膜透气方法,达到平衡时间长。此外,监测元件一般安放在变压器油箱底部,此处变压器油不能循环,容易出现死区,对变压器故障诊断的及时性不够。

(5)变压器油中一氧化碳含量为氢气及其他烃类气体的几百倍到几千倍,如果油气分离单元不能有效抑制一氧化碳气体,则会影响测量的准确度。

4.2.4.2　变压器油中溶解多组分气体在线监测技术

正是由于单组分气体在线监测技术的诸多局限性,后来发展了多组分气体在线监测技术。现阶段国内外变压器油中溶解多组分气体在线监测方法主要有以下几类。

1. 气相色谱分析法

该方法自 1952 年 James 和 Maitin 提出以来已成为使用最广泛和最有效的气体分离和分析方法。目前电力部门定期离线进行的变压器油中溶解气体分析试验即由气相色谱分析仪实现。气相色谱分析借助于氢气、氮气、氩气作载气,将油中分离出的混合气体经过色谱柱进行组分分离。经镍触媒转化,可由氢火焰离子化检测器(FID)检测出气体中的烃类气体、一氧化碳和二氧化碳气体;经热导池(TCD)可测出氢气、氧气。该法应用于在线监测系统时,须先解决好自动油中脱气、在线油气分离和检测等问题(见图 4-2)。

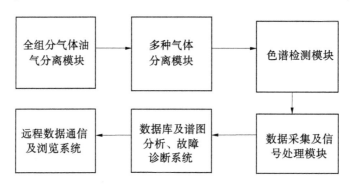

图 4-2　变压器色谱在线监测流程

2. 传感器阵列法(电子鼻法)

该法基于多传感器信息融合技术,利用气体传感复杂的交叉敏感特性,有选择地将若干传感器组合在一起形成传感器阵列,结合模式识别技术如 BP 神经网络灰色理论等,形成气体辨识系统即电子嗅觉系统。该法一般应用于环保、家用报警、化工、食品保鲜和航空航天等领域,当用于要求精确定性和定量分析的变压器油中溶解气体在线监测技术(见图 4-3)时,需要解决好气体测量的灵敏度、准确度和数据重复性等问题。

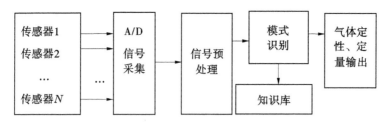

图 4-3　传感器阵列在线监测原理流程

3. 傅里叶变换红外光谱法(FTIR)

该法基于光的干涉原理来测量置于迈可尔逊干涉光路中的待测气体,先移动动镜由探测器得到强度不断变化的背景和样品的干涉波,再经傅里叶变换后得到红外光谱图,最后利用谱图分析法对变压器油中多种气体进行定性和定量分析(见图 4-4)。与传统气相色谱分析法相比,该法不消耗色谱柱、载气等消耗品,不需要复杂的气体控制回路,灵敏度高,这是一大进步。但是红外区不能吸收氢气,因而该法不能检测氢气。

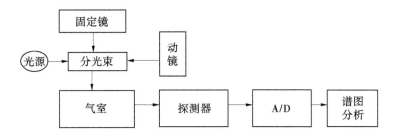

图 4-4　红外光谱在线监测原理流程

4. 光声光谱法(PAS)

该法基于气体的光声效应,通过检测气体分子吸收电磁辐射(如红外线)后产生的压力波来检测气体浓度(该压力波温度与气体浓度成一定比例关系)(见图4-5)。与其他光谱技术比较,该法测量的是样品吸收光能的大小,反射光、散射光等对测量干扰很小,从而提高了对低体积份数气体测量的准确度。另外,其光声室容积较小(2~3 mL),利于提高气体分离效率。

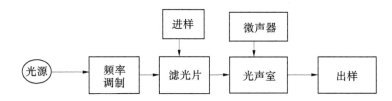

图 4-5　光声光谱监测原理流程

上述四种多组分气体在线监测技术综合比较见表4-4。现阶段光谱类在线监测产品主要依赖进口,价格昂贵。气相色谱法运用最早,原理最成熟,且因采用相对测量原理而不会带来积累误差,比红外光谱类方法所用气体更少(1 mL),价格更便宜,用该原理实现的在线监测产品性价比良好。光声光谱法是最新的研究成果,其灵敏度和实时性有较大改善。

表 4-4　多组分气体在线监测方法综合比较

方法	通用性	灵敏度	气路	样气量	维护量	扩展性	价格
气相色谱	很好	好	复杂	很小	较大	很好	一般
电子鼻法	特定气体	一般	简单	小	一般	差	一般
红外光谱	H_2 无吸收	较好	一般	较多	较小	一般	高
光声光谱	好	好	一般	小	较小	一般	高

4.3　光声光谱油中溶解气体在线监测技术

4.3.1　光声光谱技术测量气体组分原理

　　光声光谱技术是一种基于光声效应的光谱技术。利用光声光谱技术进行变压器油中溶解气体分析是基于气体的光声效应。气体光声效应是指气体分子吸收电磁辐射后被激发,在退回基态过程中会由于释放能量而产生压力波的现象。选择合适的光照射气体样品,并采用声传感器对气体受照射后释放能量产生的压力波进行检测,就可以利用光吸收和声激发之间的对应关系,了解气体的组分。

　　基于光声光谱技术的测量系统主要由调制盘、滤光片、密封的气体样品池和声传感器组成。调制盘上开孔并以恒定速率转动,将从光源发出的光线调制成交变的闪烁信号。通过滤光片实现分光,实现对与预选气体特征吸收频率相同的光谱的选择。经过调制后的各气体特征频率处的光线反复照射气体样品池中的气体,相应气体分子就被反复激发,然后以辐射或非辐射的方式回到基态。非辐射驰豫过程中,体系能量转化为气体分子的平动能,引起气体局部加热,导致气体温度上升,部分能量随即以热能释放方式退激,并导致气体及周围介质产生压力波动。若将气体置于密闭容器内,气体的温度变化则产生成比例的压力波(声波)。使用声传感器就可以检测到这种压力的变化。

　　通过对滤光片的切换就可以实现对不同气体的检测。由于光吸收激发的声波频率由调制频率确定;其强度则只与可吸收的窄带光谱的特征气体的体积份数有关,因此可以通过建立声波强度与气体体积份数的定量关系,来实现对混合气体中各气体组分的分析。

4.3.2　故障特征气体吸收光谱的选择

　　要用光声光谱原理检测故障特征气体,首先需要找到对应于每种故障气体的特征吸收光谱区域。文献[23]中通过红外光谱仪采集到的故障特征气体通过红外吸收光谱进行软件处理,得到了常见故障特征气体的特征吸收谱。特征吸收谱中,波数由低到高依次为二氧化碳、乙炔、乙烯、一氧化碳峰群和二氧化碳峰群,甲烷及乙烯峰群在乙烷特征吸收谱区有重叠。

　　表4-5中列出了变压器故障气体在红外区域的特征吸收频率和使用红外光源加滤光片的光声光谱仪器在该频率附近获得的灵敏度。表中所列灵敏度大部分是 Innova 公司在哥本哈根实验室实测的。表中所列可测量范围是英国 Kelman 公司的便携式油中气体分析仪的标称值。由表中数据可以看出,一氧化碳在 2 150 cm^{-1} 处、二氧化碳在 2 270 cm^{-1}/668 cm^{-1} 处、乙炔在 783 cm^{-1} 处、乙烯在 1 061 cm^{-1}/900 cm^{-1}/981 cm^{-1} 处、乙烷在 861 cm^{-1} 处都有不受任何谱峰干扰的独立的可用于高灵敏度检测的频谱。甲烷的吸收光

谱在 2 950 cm^{-1} 处与乙烷、乙烯的谱峰有重叠,在 1 291 cm^{-1} 处又与乙炔的谱峰有重叠,但在 1 254 cm^{-1} 处却有独立的除水外的不受其他组分干扰的谱峰。因此,可以确定除氢气外的故障气体的特征频谱,在表 4-5 中用黑体字标出。仅对甲烷的测量需要通过干燥或去除水分的影响。

表 4-5 特征频谱与可测量范围

气体	波数(cm^{-1})	灵敏度(uL/L)	重叠	可测量范围(uL/L)
CH$_4$	2 950	0.1	H$_2$O	0.7~10 000
	1 291	0.2	H$_2$O	
	1 254	**0.4**	**H$_2$O**	
C$_2$H$_6$	2 950	0.02	H$_2$O	3~10 000
	861	**2**	—	
C$_2$H$_4$	2 950	0.3	H$_2$O	2.5~10 000
	1 061	**0.3**	—	
	981	**0.2**	—	
	900	**0.4**	—	
C$_2$H$_2$	1 291	0.5	H$_2$O	1~10 000
	783	**0.3**	—	
	710	0.2	CO$_2$	
CO	**2 150**	**0.2**	—	0.1~1 000
CO$_2$	**2 270**	**3.4**	—	1.9~20 000
	710	1.5	—	
	668	**0.1**	—	
H$_2$	—	—	—	5~20 000

4.3.3　氢气的测量

由于氢气在红外区没有吸收,采用红外吸收方法检测变压器故障特征气体时,就无法检测到氢气。采用光声光谱测量时,同样存在这样的问题。考虑到氢气与其他故障特征气体及空气分子量有显著差别,可以通过测量氢气对声波传播速度的影响给出氢气的体积份数。

J. K. S Wan 等的研究表明,以空气为背景气体时,光激发的声波在含有氢气的混合气体中传播的时间与含有氢气的体积份数成正比;测量的灵敏度可以达到 200 μL/L,且此灵敏度在背景气体平均分子量为 20~100 的范围内几乎没有变化;影响测量准确度的主要因素是背景气体组分的变化导致的平均分子量的变化和气室温度的稳定性;激励声波的光源从紫外光、可见光、红外线到微波变化时,其测量结果相同。通常采用的油气平衡法得到的气室中氢气的体积份数常为油中气体体积份数的 20 倍,这样可以测量到的油中氢气体积份数的灵敏度就可以达到 10 μL/L,这对于大多数变压器油中氢气含量为 60 μL/L 的监测,其灵敏度足以满足要求,也要高于现有的在线色谱和在线傅里叶红外光谱的灵敏度。

对于小气室而言,温度控制在±0.1 ℃偏差范围内并不是难事,所以问题的难点就集中在控制背景气体平均分子量的改变上。空气的平均分子量为29,变压器故障特征气体中,甲烷和二氧化碳对背景气体平均分子量的影响稍大,其他气体影响则较小。由于光声光谱已经可以给出其他气体组分的体积份数值,对于背景气体平均分子量的影响,可以考虑进行必要的修正。

由此可以看出,虽然氢气不吸收红外光,但可以通过测量其他气体的吸收产生的声波在气室中传播时的相位移动,来给出氢气的体积份数。

4.3.4　光声光谱油中溶解气体分析技术的实用化

从理论上讲,光声光谱仪可采用衍射光栅或干涉效应产生的具有连续波长的光脉冲对样品进行扫描。但对于油中溶解气体分析而言,由于仅需检测几种已知化合物,而采用一系列透射波长一定的滤光片进行分光则是一种有效的做法,还可以有效地降低系统的成本和复杂程度。采用高灵敏微音传感器和压电陶瓷传声器就可以监测到密封气体受到照射产生的周期性压力波动。

虽然光声光谱技术确定气体组分现象可被重复验证,但其真正用于实际监测仍需进行两方面调整。首先是需要确定每种故障特征气体特定的分子吸收光谱,从而可对红外光源进行波长调制使其能够激发某一特定气体分子;其次则是确定气体吸收能量后退激产生的压力波强度与气体浓度间的比例关系。这两个问题的解决就真正为利用光声光谱技术进行油中气体分析铺平了道路。现在已经有基于光声光谱技术的变压器油中气体在线监测装置,如英国 Kelman 公司生产的 Transfix 油中溶解气体在线监测装置。

光声光谱在线监测装置通常由脱气模块、光声光谱模块、高精度 ADC 及 CPU 控制模

块、温度补偿模块、输出控制模块、通信模块、数据存储模块和显示模块组成。典型的光声
光谱在线监测装置结构见图4-6。

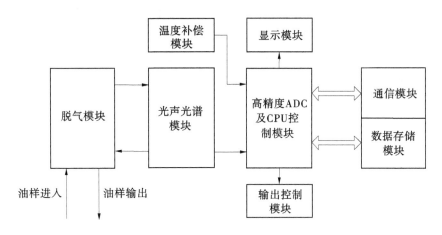

图4-6　光声光谱在线监测装置结构

对于光声光谱在线监测装置来说,光源通过抛物面反射镜聚焦后成为入射光。以恒
定速率转动的调制盘首先实现对入射光频率调制,随后由一组滤光片实现分光。各滤光
片仅允许透过某一特定波长的红外线,其对应于光声室内某特定气体分子的吸收波长。
被调制为与各特征气体频率相对应的波长的光线进入光声室后,以调制频率反复激发某
特定气体分子,被激发的气体分子通过辐射或非辐射的方式回到基态。对于非辐射驰豫
过程,体系能量转化为分子动能并引起气体温度局部升高,而导致密闭光声室内产生周期
性机械压力波,并由微音器进行检测。由于压力波频率由调制频率决定,因而其强度则仅
与特征气体的体积份数有关。通过建立气体体积份数与压力波强度的定量关系,即可准
确计量光声室中各气体组分的浓度。

切换不同滤光片,重复以上过程,就可以依次分别检测出光声室内各种气体及其体积
份数。光声光谱在线监测装置工作原理见图4-7。

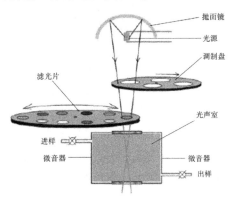

图4-7　光声光谱在线监测装置工作原理

4.3.5 　光声光谱油中溶解气体在线监测装置的评价

现有的变压器油中溶解气体在线监测技术中,气相色谱法是对传统色谱分析方法的在线应用,其通用性和灵敏度都很好,扩展性也比较好,但气路复杂,现场维护量大,技术先进性较差;传感器阵列法气路和维护量一般,但扩展性和通用性差,只适用于特定的气体,且气体的交叉感染问题没有彻底解决;红外光谱法灵敏度高,维护量小,扩展性和气路一般,但采集气量较多,且不能监测氢气,具有一定的局限性;光声光谱法是新测量技术在变压器油中溶解气体监测系统中的应用,其气路和扩展性一般,但通用性和灵敏性较好,且采集气量少,维护量小。

基于光声光谱原理的油中溶解气体在线监测装置采用了"动态顶空平衡"脱气方法,装置脱气模块见图4-8。脱气过程中,采样瓶内的磁力搅拌子不停地旋转,搅动油样脱气;微型气泵循环向油中吹定量空气,以形成气泡增加气、液两相的接触面积,便于油中气体析出;析出的气体经过检测装置后返回采样瓶。在这个过程中,光声光谱模块间隔测量气样的浓度,当前后两次测得的气体浓度一致时,认为脱气过程结束,这也就实现了自动验证油气平衡。由于电磁搅拌和鼓泡脱气技术的联合应用,使得光声光谱油中溶解气体在线监测装置在油温为50 ℃时完成一次油气分离只需要约2 min,这比目前常用的薄膜透气法油气分离的时间大大缩短。光声光谱油中溶解气体在线监测装置大大提高了油气分离速度,从而提高了在线监测的实时性。

图4-8 　光声光谱在线监测装置脱气模块

光声光谱原理在线监测装置的核心部件是光声光谱检测模块。该模块体积不大,为160 mm×150 mm×140 mm,质量<2 kg,配有自持式数控系统。该模块的精度取决于所采用的各种气体分子光谱和微音器的灵敏度。所有滤光片均为透射特定波长红外线的专门设计的高精度光学元件,不易磨损,抗老化。与传统气相色谱仪比,仪器校准和标定等问题少得多。

由于电容型驻极微音器作为检测元件的采用,在常温条件下其灵敏度漂移可以达到200年内小于1%。此外,小气池容易快速清理,可以有效避免由于光学测量表面污染而带来的测量误差。作为检测元件的微音器,和半导体传感器一样廉价,比光学检测晶体更加稳定可靠,并大大提高了在线监测系统强调的免维护性。

在线监测装置的重要功能是根据状态监测量的变化对被监测设备的状态作出判断,对于可能导致故障的现象或早期故障现象作出报警提示,或给出故障判断。这就要求在选择变压器油中溶解气体在线监测装置时要注意考察其监测量及其预警功能。当前根据变压器油中溶解气体判断变压器故障的基本方法是考察特征气体的含量及其增长速度,故障类别的判断采用 IEC/IEEE 推荐的三比值法,即选择五种特征气体的三个相对比例 CH_4/H_2、C_2H_4/C_2H_6 和 C_2H_2/C_2H_4 来实现。这就要求变压器油中溶解气体在线测装置能够测量的气体组分中至少含有这五种气体,并且能够检测到用于识别和判断变压器故障的特征气体的最低含量,具有跟踪分析特征气体增长变化的功能,当检测到特征气体含量或增长速度超出设定值时能报警,并且最好具有判断变压器故障类别的功能。光声光谱法变压器油中溶解气体在线监测系统除可以监测用于三比值法判别的五种气体外,还可以监测一氧化碳、二氧化碳、氧气和水分。

同样,光声光谱法变压器油中溶解气体在线监测装置也只需要对变压器油路系统做较小的改动即可,即只要利用变压器备用阀门将变压器油引入监测系统的现地监测单元即可,现场实施并不复杂。

光声光谱法变压器油中溶解气体在线监测装置考虑了与现有计算机监控系统的融合问题,装置具备网络功能,能满足常用的通信接口和通信协议,能充分利用计算机监控系统监视的信息,并能向计算机监控系统提供报警信息。

光声光谱法变压器油中溶解气体在线监测装置虽然一次投资费用较高,但是其维护量小,自动化程度高,维护和费用较低,更重要的是,新技术的采用使得其可靠性和实时性有较大提高。因此,从在线监测的最根本要求出发,以光声光谱油中溶解气体在线监测装置是变压器在线监测应用中较为理想的选择。

4.3.6　光声光谱油中溶解气体在线监测装置 Transfix

Transfix 监测装置有便携式和在线式两种类型。在线式 Transfix 能够在线、实时、连续地检测和显示油中全组分特征气体含量,并具有多种通信方式,能够很方便地进行系统组网和扩展。在线式 Transfix 监测装置可以监测氢气、氧气、一氧化碳、二氧化碳、甲烷、乙烷、乙烯、乙炔八种气体和微水,相关气体检测指标见表 4-6。当油中水分体积 $>3\times10^{-6}$ $\mu L/L$ 时可以被检测到。装置准确度为 $\pm10\%$ 或 $\pm1\times10^{-6}$ $\mu L/L$。

表 4-6　Transfix 监测装置相关气体检测指标　　　　　（单位:$\mu L/L$）

气体	H_2	O_2	CO	CO_2	CH_4	C_2H_6	C_2H_4	C_2H_2
指标	6~5 000	10~50 000	1~50 000	2~50 000	1~50 000	1~50 000	1~50 000	0.5~50 000

Transfix 监测装置在设计过程中充分考虑变压器现场的恶劣工作环境,具有较好的抗

振性和较高的防护等级。Transfix 监测装置内部具有温度补偿功能,受环境温度影响小,在温度为-40~55 ℃范围内都能正常的工作。仪器进样处可以耐受-10~110 ℃油温,运行时油压为 0~3 bar(0~45 psi)。

4.4　变压器油中溶解气体在线监测系统网络技术方案

为了便于对各现地监测单元的管理,变压器油中溶解气体在线监测系统设有对各监测装置进行管理和对数据进行分析整理的上位机。连接各现地监测单元与上位机的功能由在线监测网络完成。如何保证网络上数据传输的正确性和实时性是变压器油中溶解气体在线监测网络要考虑的主要问题。

变压器油中溶解气体在线监测网络分布在电磁信号较强的发电厂或变电站,因此对于专门用于变压器油中溶解气体在线监测的网络而言,如何提高其抗干扰能力是首先要考虑的问题。为了提高监测系统网络抗干扰能力,采用抗干扰效果较好的光纤电缆作为数据通信载体。关于实时性问题,由于变压器油中溶解气体在线监测网络传输的数据量并不大,且并不涉及对重要设备的控制问题,因此只要保证在调用数据时能及时准确地采集到数据即可。

由于系统管理的设备分布有一定距离,要考虑网络通信的要求。在 Transfix 的多种通信接口方案中,RS-232 通信距离受限于 15 m;较长距离时应采用 RS-485 接口。RS-485 接口用于多点互连时非常方便,可以省去许多信号线。采用 RS-485 加光纤电缆进行数据通信的方案,可以应用于主/从方式下的多点、中长距离、中速数据通信,这种通信方案可以满足一般的电站变压器群监测要求。

4.4.1　Transfix 油中溶解气体在线监测系统工作平台

Transfix 油中溶解气体在线监测系统配有专用的分析软件 TransCom,此软件提供了一个进行油中溶解气体在线监测装置管理、监测数据分析和传播的平台。TransCom 软件安装在 Transfix 油中溶解气体在线监测系统网络的上位机中,可以用来配置 Transfix 油中溶解气体在线监测系统参数及管理来自变压器的测试数据。其主要功能包括利用本地连接(USB 或 RS-232)与 Transfix 通信;利用远程 Modem 拨号或局域网与 Transfix 通信;Transfix 在线监测参数配置;Transfix 报警配置;修复、显示并分析来自 Transfix 的 DGA 结果等。

4.4.1.1　在线监测装置管理

系统工作平台对在线监测装置的管理包括对其身份识别和参数设置。

1. 身份识别

系统对每台在线监测装置的识别是通过站点文件来实现的。每一个 Transfix 现地监测单元称为一个站点。在和 Transfix 通信前,需要定义一个唯一的站点文件。如果管理多个站点,则需要定义一个站点文件夹来管理所有的站点文件。定义站点文件就是对站点设置身份识别参数,可以通过主菜单打开站点设置窗口来完成。站点设置窗口中可以定义站点名、时区及一些通信设置。

2. 参数设置

参数设置包括 Transfix 的设置、状态和报警信息。

对 Transfix 的设置包括其识别码、时钟同步、下一次开始测量的时间、正常模式/报警模式/警告模式下的测量时间间隔、用于转化溶解气体浓度为 $\mu L/L$ 值时的标准温度、拨号密码、变压器电流比等信息。拨号密码是为了防止非法连接访问而设置的。还可以设置一个 GSM 移动电话 Modem 连接到 Transfix,当出现气体报警或故障实践时就可以在该电话上接受文本信息。需要发送信息的电话号码必须在“接收电话号码”选项中进行设置。接收到的信息可以包括 Transfix 编号、故障代码、报警信息、九个测量参数的 $\mu L/L$ 值。当然,还可以通过设置参数使 Transfix 直接向计算机监控系统发送相关信息和信号。

报警设置功能用来对测量的溶解气体浓度报警值进行设定。用来设置报警的界面共有六个,四个界面用来对八种测量气体水平及被测气体产气率的触发报警值进行设定,另外两个界面用来设置基于气体比值的触发报警值。需要注意的是,当被测气体浓度非常低时,计算的气体比值的精度就不可靠。为了避免无效的比值计算,可以定义必需的最小气体水平以便于计算气体比值。

每个界面都有独立的对应的报警输出。Transfix 供选择的报警输出选项包括:三个干式触点输出继电器 2、3、4;警告灯和报警灯;警告模式、报警模式和发送信息。一旦处于报警状态,相应设置的报警选项就会被激活并保持到报警状态消失。也可以在状态界面中手动复位报警。

为了便于跟踪报警设置更改,Transfix 保留了所有的更改日志。报警设置更改时间和其他所有的参数一起被记录。日志中最多可以保留 100 条这样的更改记录。当需要储存更新的记录时,Transfix 会自动删除最旧的记录。下载数据时,报警设置历史日志就一起下载到站点文件中。TransCom 处于离线状态时,可以查看这些报警设置更改日志。

4.4.1.2　通信功能

TransCom 有三种不同的方法可以和 Transfix 建立连接,即 USB 通信、RS-232 以太网设备服务器通信和 Modem(PSTN 或无线 GSM/CDMA)通信。要实现上位机与 Transfix 现地监测单元的通信,还必须对 TransCom 中的通信进行设置。通信窗口中的设置定义了用于与 Transfix 连接的电脑串口。当通过局域网(或英特网)连接 Transfix 时,就必须选择“Via internet”选项。这个选项允许 Transcom 与局域网连接时有发送延时。这种情况下,通过使用 RS-232 设备服务器可将 Transfix 连接到一个局域网,并最终连接到英特网。这个设备服务器会呈现一个虚拟串口,即可实现 RS-232 串口通信。先对站点定义,然后设置通信,连接站点。连接成功后,下载所有的 Transfix 设置和测试数据等信息到计算机中,就可以进行在线工作了。

本站选用第二种通信方式。由于 RS-232 接口通信方式受到通信距离的限制,本站油气在线监测网络改用 RS-485 接口通信。这样就需要在每台 Transfix 现地监测单元上安装配置 RS-232 转 RS-485 转化器,同时在需要监控的电脑中安装 RS-485 转 RS-232 转化器。将上位机接入局域网中,在局域网中的计算机安装"pcanywhere"客户端软件后,可以远程操控这台上位机,从而下载数据。

4.4.1.3　状态显示

选择 Transfix 站点后,通过连接命令可与站点建立连接,并显示连接进展窗口。成功建立连接后,显示绿色电源灯信号,在窗口底部显示连接到 Transfix,并且显示 Transfix 状态窗口。状态窗口显示有关 Transfix 测量和报警的基本状态信息,并提供了一个可以在 Transfix 操作上的权限控制。

从状态窗口上可以看到 Transfix 现地监测单元机箱上的状态指示灯,这些灯表示了 Transfix 的状态。此窗口还提供了测量标记、待机标记、自动模式标记和手动模式标记状态指示。如果 Transfix 处于测量过程中,则状态窗口上的测量标记条处于开启状态。这意味着 Transfix 的采样瓶中可能存在油样,并可能正处于脱气状态及测量溶解气体状态。这种情况下,除非确实需要,否则不应停止测量过程。待机标记处于开启状态则表明 Transfix 没有处于测量过程中,此时如果想停止周期性的采样运行,则可以安全地停止测试。停止测量后,Transfix 处于手动模式,相应的状态指示标记处于开启状态。

此外,状态窗口上还显示了正在进行的测量的开始时间(如果正在进行测量)、Transfix 上一次通电的时间或手动复位的时间和时钟。

4.4.1.4　数据处理

数据处理包括数据下载、列表显示、绘制图表和导出。

数据下载是将数据从 Transfix 系统传送到上位机的过程。下载的数据保存在相应的 Transfix 站点文件中。下载的数据包括 Transfix 设置和报警设置信息。TransCom 会对下载的数据记录与保存的数据记录进行比较,如果数据是最新的才进行下载。Transfix 数据中包含一个报警设置历史日志,记录了历次报警设置改变的时间及报警设定值。数据下载完毕,就可以离线对数据进行分析整理。

Transfix 可以存储 10 000 条数据记录。即使采用最高的测试频率,每小时一次,Transfix 也可以存储超过一年的数据记录。站点数据文件对数据总量没有限制,数据存储量仅和磁盘空间的大小相关。

可以在屏幕上显示的数据除九个测量项目的 μL/L 值外,还包括总可燃气体、变压器负载(如果安装这个可选的传感器)、油温、油压及环境温度。列表中用不同的颜色指示出不同的事件、报警或故障。正常的记录是黑色的,出现一个事件用青绿色表示,出现一个故障但 Transfix 没有放弃分析用紫色表示,处于警告模式或警告灯被点亮则用橙色表示,报警模式下或报警灯被点亮用红色表示,出现一个严重错误并且 Transfix 放弃分析时用蓝色表示。不同的颜色代表不同的优先权。如果同一条记录出现多个事件或报警,理论上这个记录会显示多种颜色,实际上显示的是优先权最高的颜色。当报警/警告灯点亮或进入报警/警告模式时,列表中还会显示报警信息。气态报警输出不会在列表中显示。

数据可以根据需要导出到其他磁盘中。在测量数据导出窗口中,可以选择需要导出的参数及形式。导出参数可以以 μL/L 的形式给出九种参数值和总可燃气体的气体浓度,也可以以产气速率的形式给出,还可以给出气体比值、环境空气温度、变压器油温及油压,有关触发报警、故障、使用的标定温度、变压器负载等信息。当然还可以选择导出数据的时间跨度,并能设定导出文件的名称和位置。

数据图形绘制功能能够形象地说明数据随时间的变化情况。Transfix 中记录的任何数据都可以绘制成图。可以根据需要选择不同的参数和设置来组成不同的图形格式。预置的两个图形格式是以 μL/L 值表示的参数浓度数据格式和测试数据格式。在形成的图形中还可以显示相关点的分析信息,并能以文件形式一起保存。

4.4.2　光声光谱油中溶解气体在线监测系统网络

小浪底水力发电厂为地下厂房,有六台 300 MW 水轮发电机组。该厂六台机组均采用发电机-变压器组接线,主变压器型号为 SSP10-360000/220,油浸式变压器,额定容量为 360 000 kVA。变压器器身重量为 169.7 t,其中油重 38.6 t。主变压器采用无载调压方式,三相五柱式铁芯,无螺栓夹紧结构。主变压器高压侧采用 SF₆ 充气套管经 220 kV 断路器与母线相连,低压侧采用充油瓷套管经 18 kV 断路器与发电机相连。发变电主设备在地下厂房,中央控制室和油化实验室在地面控制中心。地面控制设备与地下主设备通过电缆桥架和电缆竖井的电缆连接。

该厂选用 Kelman 公司研制的 Transfix 油中溶解气体在线监测系统来实现对主变压器油中溶解气体和水分的在线监测。考虑到监测的六台主变压器分布距离及到地面实验室进行监控的需要,采用 RS-485 串行接口方式组网。该方案可以很方便地组成局域网。RS-485 通信电缆从现地监测单元引出,经过主变室上方电缆桥架、交通洞上方电缆桥架及交通洞右方水平电缆桥架,沿电梯竖井旁的垂直电缆桥架到地面副厂房,穿过中控室下方的电缆通道,由公用电 5D、6D 配电室垂直电缆桥架上二楼会议室,走二楼顶棚进入二楼油化实验室,与位于油化实验室的工控机连接组成主变压器在线监测系统网络。目前,该厂首先考虑为运行时间较长的 6 号主变压器配备了在线监测系统,其网络示意图见图 4-9。

图 4-9　6 号主变压器绝缘在线监测系统网络示意图

4.4.2.1　Transfix 油中溶解气体在线监测系统的安装

现场设备安装中首先要考虑系统及装置供电的可靠性。为了保证供电的可靠性,Transfix 仪器的电源引自地下厂房负一层 6 号机组动力盘柜备用电源,经 6 号母线洞电缆桥架敷设到 6 号主变室,然后连入 Transfix 监测仪器。电源线采用 RvvP3×2.5 mm² 三芯屏蔽电缆,以提高其抗干扰能力。

为了保证仪器工作稳定可靠,选取变压器基础旁边平整坚固的混凝土地面作为仪器安装基础。在混凝土地面上安装不锈钢支架,用来支撑固定仪器。仪器要求垂直固定,且必须有良好的接地。为了不妨碍变压器日常巡检且不妨碍其散热,考虑到仪器底部及左侧部位空气流通的需要,仪器安装位置与变压器本体和变压器室墙均保留 1 m 以上距离。为了便于仪器的日常操作及维护,仪器面板前至少保留 75 cm 的空间。

Transfix 现地监测单元安装于地下厂房主变压器室主变压器旁的金属架上。主变压器左侧中部和底部各留有一个备用阀门,为了使取得的油样具有代表性,采用主变压器左侧中部备用阀门取油、底部备用阀门回油的安装方案,组成 Transfix 油路系统。连接主变压器和 Transfix 现地监测单元的油路系统采用不锈钢输油管,以防对变压器油路造成污染。Transfix 油路系统安装示意图见图 4-10,Transfix 油路系统阀门安装见图 4-11。

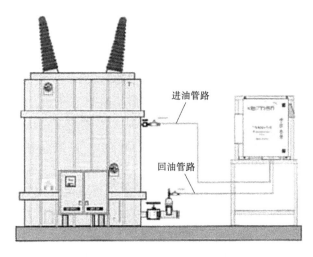

图 4-10　Transfix 油路系统安装示意图

图 4-11　Transfix 油路系统阀门安装

为了确保取得变压器内主循环回路的新鲜油样,应从变压器中部或运行中冷却后的油路取油样。根据运行经验,主变压器的冷却系统可以保证油温保持在 80 ℃ 以下,符合仪器要求的进油口处油温介于 −10 ~ 100 ℃ 的要求。取样阀与回油阀距离保持 30 cm 以上,可以保证取的油样不受回油的影响,充分反映主变压器的状态。

为了最大限度地减少外界对油路中油样含气量的影响,取油口的阀门及接口管件均采用了不锈钢材料。安装前应仔细检查,确保用于与 Transfix 系统相连的 1/4 英寸锥螺纹接口所用材料为不锈钢,且清理干净。

系统同时提供了一套专用的回油口连接组件,该组件上配有专用的排气口,用于系统安装过程中排出空管路内的空气。排气口竖直向上以便于空气排出。该连接组件可与变压器上的各类阀门连接,安装时只需考虑如何与组件上 1/4 英寸锥螺纹阳接头连接即可。

4.4.2.2　Transfix 油中溶解气体在线监测系统的调试

为了确保油路系统安装调试和日后检修维护的方便,且能实现在不影响主变压器正常安全运行的条件下进行,采取了以下安装调试方案:

(1)在取油管后端与回油管前端连接的不锈钢管道上各安装一个 1/4 英寸不锈钢球阀,以便在紧急情况下关断系统油循环回路,不影响主变压器的正常运行。

(2)在回油阀处设置三通管,并在三通管处用专用设备抽真空。

(3)抽真空达到一定程度时,开启上面取油阀门,此时变压器油会自动注入到 Transfix 设备的整个输油管道。

(4)保持抽真空的状态,直到有变压器油从三通管出口处溢出,继续抽一些油,以确保管道中不再含有气体。

(5)用堵头堵住三通管排油出口。

(6)开启回油阀门。

(7)检查油路系统,确保无渗漏及异常情况,观察 Transfix 设备油路系统运行正常后,系统投入运行。

系统调试分两步进行,先用便携式计算机在现场进行模拟调试,以监测数据的运行稳定性,同时检查 Transfix 设备的运行状况,观察所有性能的准确性与稳定性。现场调试完毕后,再在二楼的色谱室后台工控机进行综合联网调试,借助系统分析软件详细地试用系统各种功能,分析系统监测的八种故障气体或任选气体的浓度值及其随时间的变化曲线,进行气体注意值和报警值设置,监测微水的含量。

初步调试完毕后,系统在线测量数据和实验室色谱分析数据对比见表 4-7。从表中数据可以看出,在线监测数据与实验室色谱分析数据差别不大,差别较大的是氢气和氧气,但目前氧气并不是判断故障的特征气体,且总烃含量差别不大,分别为 89.9 μL/L 和 86.4 μL/L。

表 4-7　Transfix 调试结束后系统在线监测数据与实验室色谱分析数据对比

（单位：μL/L）

气体	H_2	O_2	CH_4	CO	CO_2	C_2H_6	C_2H_4	C_2H_2
在线监测数据	13.8	2 057.6	58.5	522.6	1 987.1	7.8	22.9	0.7
色谱分析数据	5.2	3 295.0	60.2	437.0	1 972.0	0	26.2	0

4.5　在线监测系统运行稳定性分析

　　Transfix 油中溶解气体在线监测系统安装完成后,经过调试就进入了试运行阶段。试运行阶段主要验证系统的运行稳定性和监测数据的准确性。验证系统的运行稳定性采取对装置长时间在线运行采集数据的变化情况进行分析的方法。

　　该厂在线监测系统设定采集周期是每 8 h 一次,采集的数据包括油中氢气、氧气、一氧化碳、二氧化碳、甲烷、乙烷、乙烯、乙炔八种气体的浓度和水的含量。为了对油中溶解气体在线监测系统采集数据的变化情况进行科学客观的分析,取了每月各种气体监测数据波动(即与其算术平均值偏差)的平均值来进行考察。表 4-8 列出了 2007 年各月八种气体 Transfix 在线监测数据偏差平均值,监测数据波动平均值变化趋势如图 4-12 所示。图 4-12(a)中列出了五种低浓度气体监测数据变化趋势,图 4-12(b)中列出了三种高浓度气体监测数据变化趋势。

表 4-8　Transfix 在线监测数据偏差平均值　　　　　（单位：μL/L）

日期(年-月)	H_2	O_2	CH_4	CO	CO_2	C_2H_6	C_2H_4	C_2H_2
2007-01	0.602	39.900	1.293 0	7.267	78.06	0.893 1	0.442 4	0.106 7
2007-02	0.355	36.290	0.945 0	3.569	85.07	0.685 7	0.284 4	0.104 4
2007-03	0.282	29.990	0.588 0	3.550	50.14	0.682 4	0.248 2	0.100 7
2007-04	0.260	36.340	0.664 0	2.401	70.15	0.903 8	0.241 6	0.092 4
2007-05	0.291	34.980	0.469 0	2.459	29.39	0.570 3	0.289 9	0.067 1
2007-06	0.417	33.030	0.555 0	2.290	24.43	0.677 2	0.245 5	0.072 7

续表 4-8

日期(年-月)	H₂	O₂	CH₄	CO	CO₂	C₂H₆	C₂H₄	C₂H₂
2007-07	0.307	20.640	0.453 8	2.653	47.57	0.614 4	0.320 4	0.069 1
2007-08	0.302	35.330	0.495 5	1.379	19.35	0.645 7	0.218 5	0.068 5
2007-09	0.366	47.220	0.606 6	2.188	38.45	0.811 7	0.306 6	0.064 6
2007-10	0.604	55.190	0.665 7	5.261	62.46	0.767 1	0.249 8	0.079 0
2007-11	0.415	38.310	0.888 3	8.004	52.19	0.624 1	0.310 6	0.056 0
2007-12	0.215	25.059	0.505 1	2.682	36.84	0.780 7	0.225 5	0.069 8

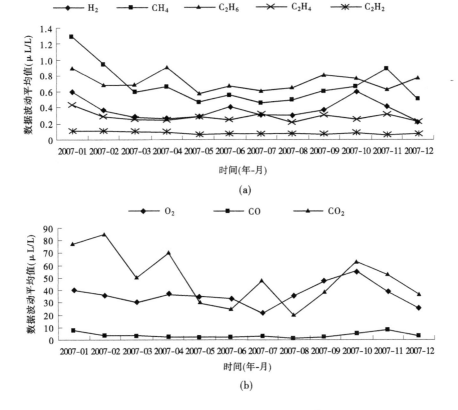

图 4-12　监测数据波动平均值变化趋势

　　从以上数据及变化趋势图中可以看出,前三个月试运行阶段中除二氧化碳气体偏差平均值有反复外,其余七种气体偏差平均值总体呈下降趋势,这说明在线监测系统监测数据变化趋向稳定。从全年监测数据偏差平均值变化情况看,总烃类气体和氢气监测数据变化呈稳定趋势,其中乙炔监测数据偏差平均值稳定在 0.2 以下;乙烯监测数据偏差平均值稳定在 0.2~0.4(只有 1 月数据超出 0.4);乙烷监测数据偏差平均值稳定在 0.5~0.8(只有 1 月、4 月、9 月数据超出 0.8);氢气监测数据偏差平均值稳定在 0.2~0.6(只有 1月、10 月数据超出 0.6);甲烷监测数据偏差平均值稳定在 0.4~0.8(只有 1 月、2 月、11 月数据超出 0.8)。高浓度气体氧气和二氧化碳监测数据偏差平均值变化范围稍大,一氧化碳监测数据偏差平均值稳定在 2~4(只有 1 月、10 月、11 月数据超出 4),氧气监测数据偏差平均值稳定在 20~40(只有 9 月、10 月数据超出 40),二氧化碳监测数据偏差平均值稳定在 10~60(只有 1 月、2 月、4 月、10 月数据超出 60),但这相对于浓度为 500 μL/L 左右和 2 000 μL/L 左右的气体而言,其偏差是比较小的,相对变化仅为 0.8%、2% 和 3%,也可以接受。从全年监测数据变化趋势看,偏差平均值数据趋于变小或稳定在较小的区间内,可以认为在线监测系统运行是稳定的。

4.6　在线监测系统采集数据准确性分析

　　验证系统的监测数据的准确性,采取对装置在线运行采集数据与传统的实验室色谱分析试验数据进行对比分析的方法。为了进行对比试验分析,现阶段采用 Transfix 油中溶解气体在线监测系统分析和常规传统变压器油色谱分析两种并行的分析方案。为了验证在线监测系统采集数据的准确性,在光声光谱变压器油中溶解气体在线监测系统运行的同时,定期进行变压器油中溶解气体的离线实验室色谱分析,以便对两种测量数据进行对比分析。

4.6.1　总体分析

　　《电力设备预防性试验规程》(DL/T 596—1996)规定,220 kV 发电厂升压变压器油中溶解气体分析周期为三个月,该厂按规定每年进行四次离线色谱试验分析。表 4-9 是变压器油中溶解气体分析在线监测系统运行第一年中常规色谱分析数据与在线监测数据的对比情况,表中列出了四次变压器油色谱试验数据与对应日期的在线监测数据对比情况。为了便于对比分析,在图 4-13 中对一年中四次监测的八种气体在线监测数据与色谱试验数据情况进行了对比显示。

表 4-9 常规色谱分析数据与 Transfix 在线监测数据对比 （单位：μL/L）

日期 （年-月-日）	数据类型	H_2	O_2	CH_4	CO	CO_2	C_2H_6	C_2H_4	C_2H_2
2007-02-25	在线监测	13.9	2 071.9	57.6	522.1	1 973.0	9.2	22.6	0.7
	离线试验	5.2	3 295.0	60.2	437.0	1 972.0	0	26.2	0
2007-05-25	在线监测	8.1	2 276.3	55.8	518.2	1 987.4	8.6	22.1	0.5
	离线试验	5.7	1 074.0	49.4	378.0	1 841.0	9.7	18.5	0
2007-08-20	在线监测	8.9	2 270.4	54.7	505.4	1 787.8	9.1	21.1	0.4
	离线试验	4.8	3 596.0	37.6	489.0	2 309.0	6.9	13.3	0
2007-11-26	在线监测	9.9	2 419.8	56.7	538.9	2 191.7	8.9	20.4	0.5
	离线试验	5.9	2 756.0	51.0	543.0	1 897.0	13.2	13.9	0

　　从表 4-9 中数据可以看出，在线监测数据普遍比实验室色谱分析数据大，这可以解释为：在线监测系统处于密闭的循环监测环境中，而实验室色谱分析要经过采样、携带和振荡分析等环节，气体存在损耗，容易引进误差，若在线监测系统可靠，应该更准确些。

　　由表 4-9 和图 4-13 可知，氢气浓度在起初阶段较高，随后有所下降。从原始在线监测系统监测数据可以看出，系统运行第一个月，变压器油中水分含量较高，平均值为 6.408 μL/L，前几天更是高达 9.7 μL/L；第二个月变压器油中水分含量平均值为 5.132 μL/L；第三个月变压器油中水分含量平均值为 5.023 μL/L；相应地变压器油中溶解氢气的浓度平均值也从 14.51 μL/L 降到 8.163 μL/L。可以认为，起初阶段变压器油中溶解气体中氢气含量较高与变压器油中水分含量高有关，因为油中水分与铁作用可以生成氢气。另外，油中溶解气体在线监测系统的油样采集管路均为不锈钢材料，新不锈钢材料在加工过程中可能吸附氢气，而后缓慢释放到油中；在油温较高且含氧量较高时，设备中某些油漆也可能在不锈钢的催化作用下生成氢气。实验室离线进行油中溶解气体分析时，没有同时对油中含水量进行分析，因而无从对比。但单独的离线油中水分分析也显示，在线监测系统运行初期油中水分含量的确偏高，四次离线测量油样中水分含量数据见表 4-10。这进一步证明了在线监测系统运行初始阶段变压器油中氢气含量偏高是受变压器油中水分含量高影响的结果。

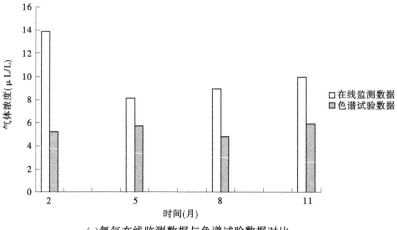

(a)氢气在线监测数据与色谱试验数据对比

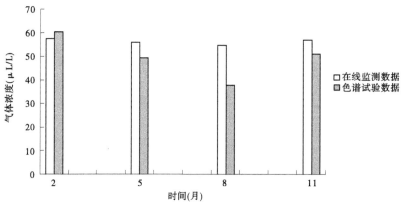

(b)甲烷在线监测数据与色谱试验数据对比

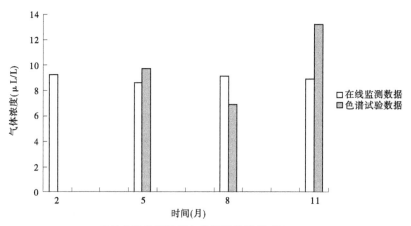

(c)乙烷在线监测数据与色谱试验数据对比

图 4-13　油中溶解气体在线监测数据与色谱试验数据对比

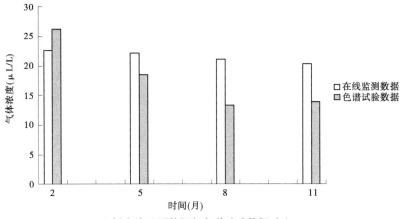

(d)乙烯在线监测数据与色谱试验数据对比

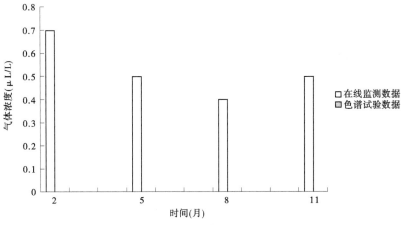

(e)乙炔在线监测数据与色谱试验数据对比

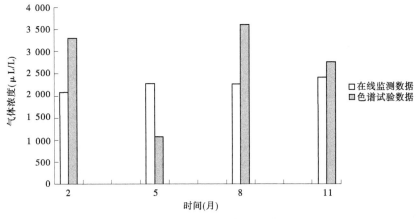

(f)氧气在线监测数据与色谱试验数据对比

续图 4-13

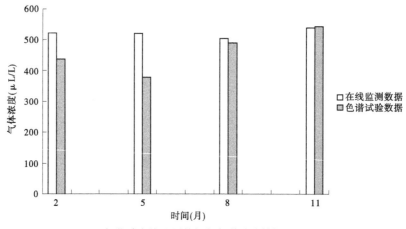

(g)一氧化碳在线监测数据与色谱试验数据对比

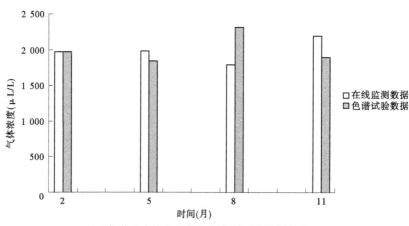

(h)二氧化碳在线监测数据与色谱试验数据对比

续图 4-13

表 4-10　变压器油中水分含量测试数据　　　　　　（单位:μL/L）

日期(年-月-日)	2007-02-25	2007-05-25	2007-08-20	2007-11-26
在线检测数据	6.5	5.0	5.0	5.0
离线检测数据	9.2	8.8	3.6	3.8

4.6.2　误差分析

在线监测数据准确性的判断标准,参照国家电力行业标准《变压器油中溶解气体分析和判断导则》(DL/T 722—2014)中关于试验结果的再现性和重复性规定:不同实验室之间的平行试验结果相差不应大于平均值的 30%。Transfix 在线监测数据与实验室数据偏差结果见表 4-11。

表 4-11　Transfix 在线监测数据与实验室数据偏差结果　　　　（%）

日期(年-月-日)	H_2	O_2	CH_4	CO	CO_2	C_2H_6	C_2H_4	C_2H_2
2007-02-25	91.0	-45.6	-4.4	17.8	0.04	200	-16.1	—
2007-05-25	34.5	70.2	12.2	30.1	7.6	-12.0	17.7	—
2007-08-20	59.9	-45.2	37.0	3.3	-25.4	27.6	45.4	—
2007-11-26	50.6	-13.0	10.6	-0.76	14.4	-39.0	38.0	—

表 4-11 中数据误差计算式为

$$\delta = \frac{x_1 - x_2}{x_3} \tag{4-4}$$

$$x_3 = \frac{x_1 + x_2}{2} \tag{4-5}$$

式中　δ——在线监测数据与离线检测数据误差；

　　　x_1——在线监测数据；

　　　x_2——离线监测数据。

结合表 4-11 中的数据偏差和式(4-4)、式(4-5)可得,氢气四次对比数据误差全部超标;甲烷测量数据误差 1 次超标;乙烷测量数据误差两次超标;乙烯测量数据误差两次超标;乙炔测量数据误差全部超标;氧气测量数据误差三次超标;一氧化碳测量数据误差一次超标;二氧化碳测量数据误差全部合格。各种气体误差原因详细分析如下:

(1)甲烷测量数据误差超标时离线测量数据与其他三次有明显差异,可以认为此次离线测量中引入了误差。

(2)乙烷测量数据误差为 200% 出现在离线测量数据为 0 时,与其他三次离线测量结果有明显差异,应该是离线测量中引入了误差。同样,乙烷另一次测量数据误差超标时离线测量数据与其他两次相比也有较大变化,应该是离线测量误差。

(3)乙炔离线测量数据全部为 0,在线测量数据全部为 0.5 μL/L 左右,根据仪器测量精度,在乙炔浓度低于可以检测的最低浓度 0.5 μL/L 时,仪器同样给出监测数据,可以认为这时的监测数据已经没有意义,而离线测量结果正好是乙炔浓度为 0,因此此时分析测量误差没有意义。

（4）氢气离线测量数据较为稳定，且测量值在在线监测仪器检测最低限 6 μL/L 以下，可以认为，氢气离线测量数据更可靠。

（5）一氧化碳测量数据误差超标出现在离线测量数据有较明显差异时，可以认为离线测量误差较大。

（6）氧气测量数据误差三次超标时离线测量数据变化也较大。变压器近一年运行状态稳定，并未发生故障，而离线测量数据变化较大，在线监测数据则相对要稳定一些，这样偶尔的误差超标可以认为是引入了误差，但对于测量数据对比全部超标的气体则有待进一步查找原因。

再来分析总烃含量数据的误差。第一次在线测量总烃含量为 90.1 μL/L，离线测量为 80.4 μL/L，误差为 11.4%。第二次在线测量总烃含量为 87.0 μL/L，离线测量为 77.6 μL/L，误差为 11.4%。第三次在线测量总烃含量为 85.3 μL/L，离线测量为 57.8 μL/L，误差为 38.4%。第四次在线测量总烃含量为 86.5 μL/L，离线测量为 78.1 μL/L，误差为 10.2%。由此可以看出，四次测量数据对比中，只有一次测量数据总烃含量差别超出允许误差范围，应该说，总烃含量测量误差在可以接受的范围内。

4.6.3　气体浓度变化趋势分析

再从离线测量和在线测量所得气体浓度的变化趋势来进行考察。两种测量方法测得的各种测量气体浓度变化趋势如图 4-14 所示。图中依次列出了四次定期对比试验中氢气、甲烷、乙烷、乙烯、乙炔、氧气、一氧化碳和二氧化碳离线测量和在线测量数据变化趋势。从图中可以看出，甲烷、乙烯、一氧化碳和二氧化碳测量数据变化趋势基本一致，氢气、乙烷、乙炔和氧气测量数据变化趋势差别较大。

综上所述，一年的运行实践表明，该厂采用的光声光谱变压器油中溶解气体在线监测系统运行稳定，检测气体数据变化不大，其中用于判断变压器故障的总烃检测总量与离线实验室检测总量差别在可以接受的范围内，且在线监测系统监测的频度高，实时性好，就提供预警功能而言，在线监测系统基本上可以代替离线试验。但各样本气体检测量与离线实验室检测量还有一定差别，这与两种测量方法原理不同有关。采用不同原理和技术的油中溶解气体产品，得到的数据难免有一定的差别；离线测量和在线测量在不同条件下进行，得到的数据必然存在差异，应分别进行处理。

目前，变压器油中溶解气体分析方法中，积累的离线检测经验较多，在线检测数据的处理和经验较少，还需要结合在线监测数据，探讨对在线监测条件下所得数据的分析和处理方法，总结利用在线条件下监测数据判断变压器状态的经验。但作为提供预警功能的系统而言，在线监测系统基本可以为变压器维护检修提供参考。

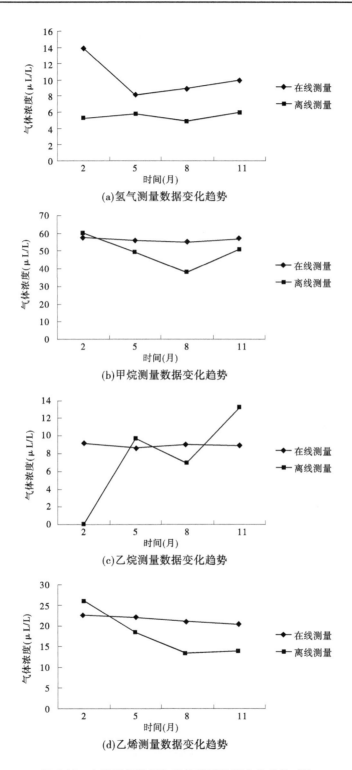

(a)氢气测量数据变化趋势

(b)甲烷测量数据变化趋势

(c)乙烷测量数据变化趋势

(d)乙烯测量数据变化趋势

图 4-14　在线测量数据和离线测量数据变化趋势对比

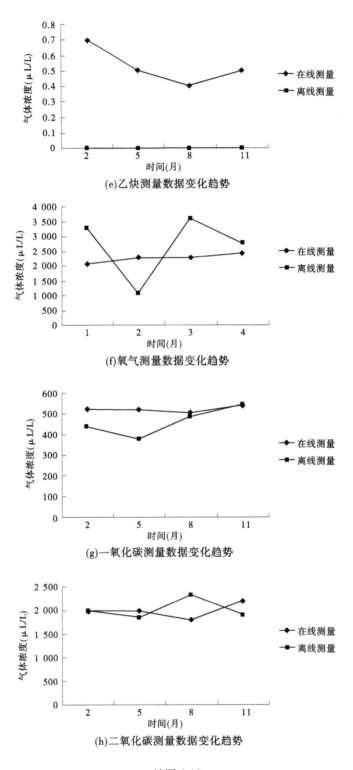

(e)乙炔测量数据变化趋势

(f)氧气测量数据变化趋势

(g)一氧化碳测量数据变化趋势

(h)二氧化碳测量数据变化趋势

续图 4-14

参 考 文 献

[1] 国家标准化管理委员会.电工术语 可信性与服务质量:GB/T 2900. 13—2008[S].

[2] 王昌长,李福祺,高胜友.电力设备的在线监测与故障诊断[M].北京:清华大学出版社,2006.

[3] 诊断技术在电力设备中的应用[J].湖北电力技术,1987(1):1-7.

[4] 王晓莺.变压器故障与监测[M].北京:机械工业出版社,2004.

[5] 徐大可.变电站电气设备在线监测技术综述[J].变压器,2002,39(S1):6-10.

[6] 曹宇亚,申忠如,任稳柱.一种数字化测量介损的方法[J].高压电器,2000,15(3):17-19.

[7] 朱建军,王斌中,崔绍平.红外技术诊断高压设备内部缺陷[J].高电压技术,2004,30(7):34-36.

[8] 黄盛洁,姚文捷,马治亮,等.电气设备绝缘在线监测和状态维修[M].北京:中国水利水电出版社,
2004.

[9] 陈家斌.电气设备检修及试验[M].北京:中国水利水电出版社,2003.

[10] 王学民.德阳五里堆220 kV变电站主变绝缘在线监测技术应用研究[D].重庆:重庆大学,2001.

[11] 李朋,张保会,郝治国,等.基于电气量特征的变压器绕组变形监测技术和展望[J].电力自动化设
备,2006,26(2):28-32.

[12] 黄兴泉,赵善俊,宋志国,等.用超高频局部放电测量法实现电力变压器局部放电的在线监测[J].
中国电力,2004,44(2):38-42.

[13] 欧阳旭东,陈杰华,林春耀,等.基于超高频的电力变压器局部放电在线监测技术的研究和应用
[J].变压器,2007,37(8):52-56.

[14] 李俭.大型电力变压器以油中溶解气体为特征量的内部故障诊断模型研究[D].重庆:重庆大学,
2001.

[15] 国家能源局.变压器油中溶解气体分析和判断导则:DL/T 722—2014[S].

[16] 贾瑞君.关于变压器油中溶解气体在线监测技术的综述[J].变压器,2002(39):39-43.

[17] 李红雷,张光福,刘先勇,等.变压器在线监测用的新型油气分离膜[J].清华大学学报(自然科学
版),2005,45(10):1301-1304.

[18] 程鹏,佟来生,吴广宁,等.大型变压器油中溶解气体在线监测技术进展[J].电力自动化设备,
2004,24(11):90-92.

[19] 许坤,周建华,茹秋实,等.变压器油中溶解气体在线监测技术发展与展望[J].高电压技术,2005,
31(8):30-34.

[20] Ward S A. Evaluating transformer condition using DGA oil analysis[C]. Conference on Electrical Insula-
tion and Dielectric Phenomena. Albuquerque, New Mexico, USA ,2003:463-468.

[21] 杨建华,侯宏,王磊,等.基于集成气体传感器阵列的电子鼻系统[J].传感器技术,2003,22(8):21-
23.

[22] Liu Xian, Huang Fang. Research on online DGA using FTIR[C]. 2002 International Conference on
Power System Technology. Kenning,China. 2002:Volume3. 1875-1880.

[23] 张川,王辅.光声光谱技术在变压器油气分析中的运用[J].高电压技术,2005,31(2):84-86.

[24] 刘先勇,周方洁,胡劲松,等.光声光谱在油中气体分析中的应用前景[J].变压器,2004,41(7):30-

33.

[25] Wan J K S,Loffe M S,Depew M C. A novel acoustic sensing system for on-line Hydrogen measurements [J]. Sensors and Actuators B,1996;233-237.

[26] 刘先勇,周方洁.用傅立叶红外变换实现在线溶解气体分析的研究[J].变压器,2002,39(6):29-32.

[27] Tim carols. An Overview of Online Oil Monitoring Technologies. Fourth Annual Weidman-ACTI Technical Conference,San Antonio,2005.

[28] 赵富生.BSZ 系列变压器油在线色谱监测装置[J].变压器,2002,39(9):86-89.

[29] 肖彩燕,朱衡君,张宵元,等.基于油中溶解气体分析的电力变压器在线监测和诊断技术[J].电力自动化设备,2006,26(6):93-96.

[30] 尚丽平,曹铁泽,刘先勇,等. 变压器油中溶解气体色谱在线监测综述[J].变压器,2004,41(8):37.

第 5 章　变压器状态评估实践

本章采用层次分析法和健康指数修正法两种方法分别对小浪底电站的主变压器状态进行评估,通过比较评价结果的一致性来判断评估结果的可靠性。最后按照《油浸式变压器绝缘老化判断导则》(DL/T 984—2008)对变压器老化情况进行了评估,以便对变压器状态评估结果进行验证。

5.1　小浪底电站主变压器基本情况

小浪底电站共有 6 台主变压器,分别自 2000 年 1 月开始陆续投运。6 台主变压器均为沈阳变压器有限责任公司生产的三相双绕组油浸式升压变压器,变压器基本情况参数见表 5-1。6 台主变压器自投运以来运行稳定,没有发生内部故障,没有经受近区故障冲击,平均负荷不高,总体运行状况良好。除随机组检修进行小修外,尚未进行大修。目前主变压器存在的突出问题是本体阀门内漏问题。

在主变压器运行过程中,主要采取了以下技术手段实现对主变压器状态的监测和分析评估:

(1)油中溶解气体在线监测。从监测结果来看,各台主变压器气体数值均在正常范围内,其中总烃含量最大值为 93.25 μL/L(注意值 150 μL/L),乙炔含量最大值为 0.96 μL/L(注意值 5 μL/L),氢气含量最大值为 9.53 μL/L(注意值 150 μL/L),全部符合国家标准,没有出现大幅度变化。

(2)定期委托有资质的科研、试验单位对所有主变压器进行全面试验和状态评估。2011 年 11 月至 2013 年 1 月,国网河南省电力公司电力科学院对 6 台主变压器的检测评估结果表明,常规试验、特殊试验、油化验数据全部合格,运行状态正常。

(3)根据相关规程规范,定期开展电气预防性试验和绝缘油化验,试验数据全部合格。

(4)定期开展绝缘油糠、醛含量测量,测试结果全部合格。以上措施为监测了解主变压器运行状态提供了可靠信息,为主变压器的检修决策提供了依据。

表 5-1　小浪底电站主变压器技术参数

型号规格	SSP10—360000/220	产品代号	IET710. 2109
额定容量(kVA)	360 000	调压方式	无激磁调压
额定电流(A)	858. 9/11 547	额定电压(kV)	242±2×2. 5%/18
空载损耗(kW)	≤180+5%	空载电流	
短路阻抗	13. 9%(分接3)	冷却方式	强油导向水冷　ODWF
负载损耗(kW)	≤620+7. 5%	器身重量(t)	169. 7
总损耗(kW)	≤800+7. 5%	油重量(t)	38. 6
相数	3	上节油箱重量(t)	14. 5
额定频率(Hz)	50	运输重量(t)	194. 23(充氮)
联结组标号	YN d11	总重量(t)	247. 2
温升保证值	绕组≤60 ℃	顶层油≤50 ℃	铁心本体、油箱及结构外表面75 ℃
绝缘水平	LI950AC395—LI400AC200/LI125AC55		

运行编号	出厂编号	投运日期
1 号主变压器	01X06009	2002 年 1 月
2 号主变压器	01B05034	2001 年 10 月
3 号主变压器	00B11090	2001 年 5 月
4 号主变压器	99B12087	2000 年 8 月
5 号主变压器	99B12088	2000 年 6 月
6 号主变压器	98B11107	2000 年 1 月

5.2 基于层次分析法模型的变压器状态评估

层次分析法是目前变压器状态评估的重要方法之一。层次分析法可以实现对现有监测信息的有效融合,在各指标对变压器状态评估量化的基础上实现对变压器状态的综合量化评估。层次分析法的关键是合理确定各层指标的权重和状态量的评估模型。这里采用改进的变压器状态量评估模型,参考了文献中的指标权重,参考行业标准中关于状态的描述重新定义了变压器的状态划分标准,对变压器状态进行评估。

在这里的层次分析模型中主要考虑了主变压器电气试验、油中溶解气体、油绝缘试验三种在变压器运行管理中常用的监测手段获得的数据。在各状态量评估模型中选用设备出厂试验报告、交接试验数据或投运初期试验数值为最优值,规程规定值为最差值,在此区间内将设备状态划分为正常、注意、异常三级。当资料完善时,应优先选用设备投运初期试验数值。

考虑到数据的完整性,本次对 3 号主变压器进行评估。

5.2.1 电气试验状态值

电气试验指标的状态函数取 $s_i(x) = \dfrac{x - c_q}{c_0 - c_q}$, c_0 为指标出厂试验值,对于绝缘电阻等戒下型指标, $c_q = \max\{70\% \ c_0, c_g\}$;对于介质损耗因素等戒上型指标, $c_q = \min\{130\% \ c_0, c_g\}$。 c_g 为规程规定的指标注意值。若 $s_i < 0$,则 $s_i = 0$;若 $s_i > 1$,则 $s_i = 1$。《电力设备预防性试验规程》(DL/T 596—1996)和《输变电设备状态检修试验规程》(DL/T 393—2010)给出的标准是,在常温(10~30 ℃)下测量,吸收比应不小于 1.3,极化指数应不小于 1.5,变压器直流电阻差值的警示值为 2%,变压器绕组介质损耗不大于 0.8%。《输变电设备状态检修试验规程》(DL/T 393—2010)中将变压器铁芯接地绝缘电阻的注意值规定为 100 MΩ。

3 号主变压器绕组的极化指数为 2.16(出厂试验值)和 2.06(交接试验值),运行挡位(Ⅳ挡)的高压绕组直流电阻的相间偏差最大值为 0.27%,介质损耗为 0.18%。3 号主变压器铁芯接地绝缘电阻值为 4 000 MΩ。变压器套管试验数据参考 2010 年试验记录(能发现的最早记录),绝缘电阻为 14.2 GΩ,介质损耗为 0.23%,电容为 342.24 pF。3 号主变压器最近一次进行电气试验的日期为 2016 年 11 月 23 日,利用此次试验数值计算变压器电气试验状态值如表 5-2 所示。

表 5-2　电气试验指标状态值

变压器状态变量	试验指标	指标权重	状态值
S_{11}	铁芯接地电阻	0.266 0	1.000 0
S_{12}	绕组直流电阻不平衡率	0.145 2	1.000 0
S_{13}	绕组极化指数	0.136 1	0.571 4
S_{14}	绕组介质损耗	0.097 3	0.596 8
S_{15}	套管介质损耗	0.236 9	0.285 7
S_{16}	套管绝缘电阻	0.118 5	1.000 0

综合表 5-2 中数据,可以得出 3 号主变压器电气试验状态值 $S_1 = 0.733\ 2$。

5.2.2　油中溶解气体试验状态值

《变压器油中溶解气体分析和判断导则》(DL/T 722—2014)中规定,运行变压器油中溶解气体的注意值分别为:氢气为 150 μL/L,乙炔为 5 μL/L,总烃为 150 μL/L。3 号主压器于 2001 年 5 月投运,运行稳定后在 2001 年 12 月对 6 号主变压器绝缘油取样进行了分析,最接近 3 号主变压器电气试验时间的离线和在线测试油中溶解气体数据如表 5-3 所示。

表 5-3　3 号主变压器状态评估油中溶解气体数据　　　　　　　　(单位:μL/L)

日期 (年-月-日)	气体成分							
	氢气 (H_2)	甲烷 (CH_4)	乙烷 (C_2H_6)	乙烯 (C_2H_4)	乙炔 (C_2H_2)	一氧化碳 (CO)	二氧化碳 (CO_2)	总烃
2001-12-27	19	6.6	0.0	0.0	0.0	71	212	6.60
2016-12-20	5.22	50.12	7.33	1.41	0	900	3 745	58.86
2016-12-30	6.8	49.9	8.7	4.1	0.1	792.7	3 311.1	62.80

《变压器油中溶解气体分析和判断导则》(DL/T 722—2014)中规定总烃相对产气速率的注意值为 10%/月。3 号主变压器投运初期总烃产气速率为 0.062 8%/月,一氧化碳产气速率为 0.255 5%/月。2017 年下半年监测一氧化碳产气速率为 0.014 2%/月,记录

数据期间一氧化碳产气速率为 0.064 9%/月。根据状态评估模型 $S(k) = 1 - \dfrac{x(k) - \varphi_{min}(k)}{\varphi_{max}(k) - \varphi_{min}(k)}$，经过计算后各状态变量如表 5-4 所示。

表 5-4　油中溶解气体指标状态值

变压器状态变量	试验指标	指标权重	状态值
S_{21}	总烃	0.154 7	0.635 6
S_{22}	氢气	0.132 1	1.000 0
S_{23}	乙炔	0.453 5	1.000 0
S_{24}	总烃相对产气速率	0.135 2	1.000 0
S_{25}	一氧化碳相对产气速率	0.124 5	0.789 9

综合表 5-4 中数据，可以得出 3 号主变压器油中溶解气体状态值 $S_2 = 0.917\,4$。

5.2.3　油绝缘试验状态值

绝缘油特性试验中选取击穿电压、油中水分、油酸值和介质损耗四个特征量作为状态量，其中介质损耗指标可以用线性差值来量化其状态，其余三个指标用半哥西分布函数处理比较合适。参考《运行中变压器油质量》(GB/T 7595—2017) 和《电气设备绝缘矿物油验收和维护指南》(IEC Std C57.106—2015) 标准中关于运行油的注意值，确定试验指标击穿电压、水分和酸值的半哥西分布函数表示为

$$s_{31} = \mu_p(x) = \begin{cases} 0 & (x \leqslant 35) \\ \dfrac{1}{1 + 1\,458(x - 35)^{-3.9}} & (x > 35) \end{cases} \tag{5-1}$$

$$s_{32} = \begin{cases} 1 & (x \leqslant 10) \\ \dfrac{1}{1 + 0.002(x - 10)^{-2.6}} & (x > 10) \end{cases} \tag{5-2}$$

$$s_{33} = \begin{cases} 1 & (x \leqslant 0.03) \\ \dfrac{1}{1 + 80(x - 0.03)^2} & (x > 0.03) \end{cases} \tag{5-3}$$

根据以上模型计算 3 号主变压器 2016 年 12 月 20 日试验数据的状态值如表 5-5 所示。

综合表 5-5 中数据，可以得出 3 号主变压器油绝缘特性试验状态值 $S_3 = 0.985\,4$。

如果将模型中的取值改为注意值，模型参数变为

表 5-5　油绝缘特性试验指标对应的变压器状态变量

变压器状态变量	试验指标	指标权重	试验数据	状态值
S_{31}	油击穿电压	0.345 2	74.5	0.999 1
S_{32}	油中水分	0.213 2	13.3	0.957 3
S_{33}	油酸值	0.200 1	0.014	0.979 9
S_{34}	油介质损耗	0.241 5	0.000 4	0.995 0

$$s_{31} = \mu_p(x) = \begin{cases} 0 & (x \leqslant 40) \\ \dfrac{1}{1 + 1\,458(x - 40)^{-3.9}} & (x > 40) \end{cases} \tag{5-4}$$

$$s_{32} = \begin{cases} 1 & (x \leqslant 25) \\ \dfrac{1}{1 + 0.002(x - 25)^{-2.6}} & (x > 25) \end{cases} \tag{5-5}$$

$$s_{33} = \begin{cases} 1 & (x \leqslant 0.1) \\ \dfrac{1}{1 + 80(x - 0.1)^2} & (x > 0.1) \end{cases} \tag{5-6}$$

重新计算变压器状态量(见表 5-6),可以得出 3 号主变压器油绝缘特性试验状态值 $S_3 = 0.897\,0$。

表 5-6　油绝缘特性试验指标对应的变压器状态变量

变压器状态变量	试验指标	指标权重	试验数据	状态值
S_{31}	油击穿电压	0.345 2	74.5	0.998 5
S_{32}	油中水分	0.213 2	13.3	1.000 0
S_{33}	油酸值	0.200 1	0.014	0.628 3
S_{34}	油介质损耗	0.241 5	0.000 4	0.995 0

5.2.4　变压器状态评估结论

在对三类试验数据状态值进行融合时,其权重的确定采用了文献[12]并进行了适当的修正。3 号主变压器状态值 $S = 0.366\,5 \times 0.733\,2 + 0.397\,4 \times 0.917\,4 + 0.236\,1 \times 0.897\,0 =$

0.845 1。试验项目自设系数确定的状态值 $S = 0.249\ 3 \times 0.733\ 2 + 0.593\ 6 \times 0.917\ 4 + 0.157\ 1 \times 0.897\ 0 = 0.868\ 3$。

鉴于采用的层次模型中均以规程规定的注意值为界限,则变压器状态评估划分为正常、注意和异常三个状态的标准定义如表 5-7 所示。

表 5-7　状态值及其描述

状态值综合指标	状态名称	指标状态语义描述	对应检修试验周期调整
(0.70,1.00]	正常	正常状态,状态量稳定且在距离最优值正常范围内	适当延长
(0.30,0.70]	注意	过渡状态,状态量处于最优状态向注意状态过渡阶段	按规定执行
(-0.30,0.30]	异常	状态量变化较大,已接近标准限值	应缩短
(-1.00,-0.30]	危险	状态量变化较大,已超出标准限值	尽快安排检修

根据以上标准,3 号变压器处于正常状态,可以适当延长试验或检修周期。检修周期延长以不超过变压器薄弱部件的寿命为限,比如变压器密封寿命周期为 12 年,则最长的检修周期应不超过 12 年。

5.3　基于健康指数的变压器状态评估

5.3.1　基础级

变压器健康指数计算依据的是变压器的老化规律,关键因素是合理确定变压器的使用寿命,使用寿命最终取决于变压器的绝缘寿命。在《电力变压器　第 7 部分:油浸式电力变压器负载导则》(GB/T 1094.7—2008)中给出了变压器绝缘寿命的试验值,在 110 ℃高温下,变压器绝缘的寿命可以达到 17.12 年,按照 6 ℃法则老化规律推算,变压器的绝缘寿命在 104 ℃高温下寿命至少应该可以达到 34.24 年,故变压器的绝缘寿命可以按照 35~40 年确定,因为变压器正常运行温度很少超过 100 ℃。统计资料表明,小浪底主变压器运行中油温最高不超过 60 ℃,以此估算变压器的热点温度为 78 ℃,按照此设定报警值(油温 80 ℃)估算为 104 ℃,变压器预期绝缘寿命可以按照 40 年确定。

变压器损耗寿命 $T_1 = F_{ins} \Delta t = e^{\frac{15\ 000}{383} - \frac{15\ 000}{\Theta_{HST}}} \Delta t = 0.028\ 1 \times (2\ 017 - 2\ 000 + 1) = 0.505\ 8$(年)。
变压器剩余寿命 $T_b = T_a - T_1 = 40 - 0.51 = 39.49$(年)。

变压器的实际绝缘寿命 $T_{ins} = T_{suv} + T_b = 18 + 39.49 = 57.49$(年)。

由于变压器服役年限远小于预期绝缘寿命年限,因此变压器预期寿命取预期绝缘寿命年限 40 年。

2002 年到 2017 年底,小浪底电站单机平均年发电 9.24 亿 kW·h,单台主变平均负荷率为 35.16%,负荷系数取 1.00。小浪底主变压器位于地下厂房的室内环境,环境系数取 0.96。变压器的老化率 $B = (\ln 6.5 - \ln 0.5) \div T_{exp} = 2.56 \div (40 \div 0.96 \div 1) = 0.0614$。变压器的健康指数 $HI_1 = HI_0 \times e^{B(T_2 - T_1)} = 0.5 \times e^{0.0614 \times (2017 - 2002 + 1)} = 1.34$。

5.3.2 试验级

试验级主要根据变压器的油化试验数据按照设定的标准进行状态评估,再根据设定的各指标权重进行融合,权重设置、评估标准及评估具体过程见表 5-8~表 5-11。

表 5-8 油中溶解气体指标状态值

变压器状态变量	试验指标	指标权重	状态值
S_{21}	氢气	0.1923	0
S_{22}	甲烷	0.1154	8.0000
S_{23}	乙烷	0.1154	0
S_{24}	乙烯	0.1154	0
S_{25}	乙炔	0.4615	0

表 5-9 油绝缘特性指标状态值

变压器状态变量	试验指标	指标权重	状态值
S_{31}	油酸值	0.2191	0
S_{32}	油击穿电压	0.2191	0
S_{33}	油中水分	0.2191	4.0000
S_{34}	油介质损耗	0.3425	0

表 5-10　油中溶解气体组分分级

气体	等级					
	0	2	4	8	10	16
氢气	<20	20~40	40~100		100~200	>200
甲烷	<10	10~20	20~40	40~65	65~150	>150
乙烷	<10	10~20	20~40	40~65	65~150	>150
乙烯	<10	10~20	20~40	40~65	65~150	>150
乙炔	<0.5	0.5~1	1~3	3~5	>5	

表 5-11　油质试验分级

气体	等级				
	0	2	4	8	10
微水含量	<5	5~10	10~15	>15	
酸值	<0.03	0.03~0.07	0.07~0.12	0.12~0.13	>0.13
介质损耗	<0.5	0.5~1.0	1.0~1.5	1.5~2.0	>2.0
击穿电压	>50	40~50	30~40	<30	

为了便于对比，根据 3 号主变压器 2016 年 12 月的试验数据对变压器状态进行评估，各指标状态值见表 5-8、表 5-9 中对应值。综合状态值分别为：$HI_{2a} = 0.115\ 4 \times 8 = 0.923\ 2$；$HI_{2b} = 0.219\ 1 \times 4 = 0.876\ 4$。综合基础级和试验级评估结果，$HI_{COM} = HI_1 \times f_{COM} = 1.34 \times 0.850\ 0 = 1.14$。$f_{COM}$ 数值从文献［2］中推算得出。

5.3.3　修正级

修正级主要根据变压器运行状况和故障检修情况对得出的健康指数进行修正。修正的项目以现有的《油浸式变压器（电抗器）状态评价导则》(Q/GDW 10169—2016) 为基础，结合在线监测系统情况，选择容易操作实现的部分项目实现对模型的修正。修正通过乘以修正系数来实现，修正系数采用主成分分析法、模糊综合评判法，对各修正项目的影响权重进行确定。修正的项目包括变压器投运时间、铁芯接地电流、变压器外观等级、套管可靠等级、冷却方式、家族缺陷、近五年故障缺陷次数、近区短路和局部放电。

变压器投运时间对变压器健康指数的修正系数 K_{11} 随投运时间的增长而逐渐增大，变化范围为 $1.00 \sim 1.09$，具体情况见表 5-12。

表 5-12　变压器投运时间修正系数

投运年限(a)	修正系数 K_{11}
$[0,5]$	1.00
$(5,10]$	1.01
$(10,20]$	1.02
$(20,30]$	1.05
> 30	1.09

变压器铁芯接地电流对变压器健康指数的修正系数 K_{12} 随接地电流的增长而逐渐增大，变化范围为 $1.00 \sim 1.20$，具体情况见表 5-13。

表 5-13　变压器铁芯接地电流修正系数

铁芯接地电流(A)	修正系数 K_{12}
0	1.00
$(0,0.1]$	1.05
$(0.1,0.3]$	1.10
> 0.3	1.20

变压器外观等级对变压器健康指数的修正系数 K_{21}（见表 5-14），其计算公式为 $K_{21} = 0.9 + 0.1L$，其中 L 为变压器外观等级。选取变压器本体、冷却系统、分接开关、非电量组件四个中等级最高的进行修正。外观等级 1 表示变压器状况最佳，无损坏。

表 5-14　变压器外观等级修正系数

外观项目	外观等级 L				
	1	2	3	4	5
主箱体	1.0	1.1	1.2	1.3	1.4
冷却器及管道系统	1.0	1.1	1.2	1.3	1.4
调压开关	1.0	1.1	1.2	1.3	1.4
其他辅助机构	1.0	1.1	1.2	1.3	1.4

变压器冷却方式对变压器健康指数的修正系数 K_{22} 的取值情况见表 5-15。

表 5-15　变压器冷却方式修正系数

冷却方式	修正系数 K_{22}
油浸自冷（ONAN）	1.00
油浸风冷（ONAF）	1.00
强迫油循环冷却（OF）	0.96
强迫导向油循环冷却（OF）	0.95

变压器家族缺陷对变压器健康指数的修正系数 K_{23} 的取值情况见表 5-16。

表 5-16　变压器家族缺陷修正系数

家族缺陷	修正系数 K_{23}
同系列设备从未发生过问题	0.96
同系列设备发生过问题，但未危及运行	1.00
同系列设备发生过重复故障，存在安全隐患	1.04

变压器近五年故障情况对变压器健康指数的修正系数 K_{24} 的取值情况见表 5-17。

表 5-17　变压器近五年故障情况修正系数

故障次数	修正系数 K_{24}
0	0.96
1	1.00
2~4	1.04
5~10	1.20
>10	1.40

变压器近区短路故障情况对变压器健康指数的修正系数 K_{25} 的取值情况见表 5-18。

表 5-18　变压器近区短路故障情况修正系数

近区故障情况	修正系数 K_{25}
未发生过	1.00
发生过	1.04

变压器局部放电情况对变压器健康指数的修正系数 K_{26} 的取值情况见表 5-19。

表 5-19　变压器局部放电情况修正系数

局部放电情况	修正系数 K_{26}
不超过标准	1.00
超出标准	1.20

变压器套管可靠性等级对变压器健康指数的修正系数 K_{27} 的取值情况见表 5-20。

套管可靠性计算逻辑为:若 max(高、中、低) >1,则套管可靠性系数 F_3 等于高、中、低系数的和;若 max(高、中、低) ≤1,则套管可靠性系数 F_3 =min(高、中、低)。

若某一项指标缺失,则对应的修正系数为 1。综合修正系数 $K_{com} = \prod_{i=1}^{2} \prod_{j=1}^{7} K_{ij} = 1.02 \times 0.95 \times 1.04 = 1.007\,8$。则对应的变压器健康指数 $HI = HI_{COM} \times K_{com} = 1.14 \times 1.007\,8 = 1.15$。

按照变压器健康指数分级标准,3 号主变压器处于较好状态。

表 5-20　变压器套管可靠性等级修正系数

套管可靠性等级	修正系数 K_{27}
1	0.9
2	1.0
3	1.1
4	1.2
5	1.4

5.4　综合分析

　　根据层次分析法模型得出的变压器状态处于正常状态范围,可以适当延长试验或检修周期。从设备老化规律角度分析,变压器绝缘状态良好,尚未进入明显老化阶段。如果把变压器明显老化作为缩短试验(检修)周期的分界点,则变压器老化规律确定的健康指数分级标准可以划分如表 5-21 所示。

表 5-21　状态值及其描述

状态值综合指标	状态名称	指标状态语义描述	对应检修试验周期调整
$(0,1.95]$	正常	正常状态,状态量稳定且在距离 最优值正常范围内	适当延长
$(1.95,4.55]$	注意	过渡状态,状态量处于最优状态 向注意状态过渡阶段	按规定执行
$(4.55,6.50]$	异常	状态量变化较大,设备状态明显老化	应缩短
$(6.50,10.00]$	危险	状态量变化较大,设备状态老化严重	应尽快退出运行

　　变压器健康指数在状态划分比例中的占比为 0.823 2,这与层次分析模型中的结论 0.845 1 很接近,两种方法评估结果确定的变压器状态基本一致。

　　《油浸式变压器绝缘老化判断导则》(DL/T 984—2018)中给出了判断变压器绝缘老化的三项指标,其中绝缘纸聚合度测试不便于对运行中的变压器实施,其余两项指标油中糠醛和气体测量便于实施。小浪底站主变压器定期进行油中气体测试分析,在2012年前后分别测量了油中糠醛,分析结果如下。

(1)糠醛测试。

《油浸式变压器绝缘老化判断导则》(DL/T 984—2018)中给出了油中糠醛含量 f 与变压器运行年限关系 t 的计算公式,可以表示为:$\log(f) = -1.65+0.08t$。参考标准中给出的变压器运行年限对应的糠醛含量的上下限值,根据2012年变压器油中糠醛含量判断变压器绝缘老化状态结论见表5-22。

(2)油中气体。

《油浸式变压器绝缘老化判断导则》(DL/T 984—2018)中给出了油中气体含量判断变压器绝缘老化的经验值,主要是根据 CO、CO_2 含量及 CO_2/CO 比值。仪表认为 CO_2/CO 比值应为 3~7,如果此比值大于7,则认为变压器绝缘老化或存在大面积低温故障引起的老化。CO 含量的变化在变压器投运初期变化较大,运行中不应出现陡增,判断含量变化的经验公式为:$C_n \leqslant 1.2^{(2/n)} C_{n-1}$,$CO_2$ 含量应满足经验公式:$C \leqslant 1000(n+2)$,式中 n 为变压器运行年限。根据变压器2016年11月测试结果判断变压器绝缘老化情况见表5-22。

表5-22　变压器绝缘老化判断状态值

状态值指标	状态对应上下限值	状态测量值	状态计算值
油中糠醛含量	(0.01,0.25)	0.032 7	0.905 4
CO_2/CO 比值	(3,7)	4.16	0.71
CO 含量	$C_n \leqslant 1.2^{(2/n)} C_{n-1}$	900<903	
CO_2 含量	$C \leqslant 1000(n+2)$	3 745	

从表5-22中可以看出,变压器绝缘未出现老化情况。在上述老化判断比例尺中,目前的变压器状态处于71%的位置,这与前述变压器评估模型变压器状态评估结果趋势基本一致。

参 考 文 献

[1] 刘有为,李光范,高克力,等.制定《电气设备状态维修导则》的原则框架[J].电网技术,2003,27(6):64-67,76.

[2] 纪航,朱永利,吴立增,等.变压器测试数据评分方法的研究[J].河北工业大学学报,2005,34(z):74-77.

[3] 纪航,朱永利,郭伟.基于模糊综合评价的变压器状态评分方法研究[J].继电器,2006,34(5):29-

33.

［4］朱永利,申涛,李强.基于支持向量机和 DGA 的变压器状态评估方法［J］.电力系统及其自动化学报,2008,20(6):111-115.

［5］郑蕊蕊,赵继印,吴宝春,等.基于加权灰靶理论的电力变压器绝缘状态分级评估方法［J］.电工技术学报,2008,23(8):60-66.

［6］杨丽徙,于发威,包毅.基于物元理论的变压器绝缘状态分级评估［J］.电力自动化设备,2010,30(6):55-59.

［7］梁博渊,刘伟,杨欣桐.变压器健康状况评估与剩余寿命预测［J］.电网与清洁能源,2010,26(11):37-43.

［8］李喜桂,常燕,罗运柏,等.基于健康指数的变压器剩余寿命评估［J］.高压电器,2012,48(12):80-85.

［9］李振柱,谢志成,熊卫红,等.考虑绝缘剩余寿命的变压器健康状态评估方法［J］.电力自动化设备,2016,36(8):137-142,169.

［10］张晶晶,许修乐,丁明,等.基于模糊层次分析法的变压器状态评估［J］.电力系统保护与控制,2017,45(3):75-81.

［11］廖瑞金,黄飞龙,杨丽君,等.多信息量融合的电力变压器状态评估模型［J］.高电压技术,2010,36(6):1455-1460.

［12］梁永亮,李可军,牛林,等.变压器状态评估多层次不确定模型［J］.电力系统自动化,2013,37(22):73-78.

第 6 章　变压器状态检修探索

6.1　检修方式与检修体制

6.1.1　检修方式

　　检修是为使设备保持、恢复或改善到期望状态所进行的全部技术活动。设备检修通常包括检测、评估、决策和维修四个环节(见表6-1),检测是为了采集设备的状态信息,评估是根据设备状态信息对设备状态的分析判断,决策是对检修方式和时机的确定,维修是对检修决策的实施过程。

表 6-1　检修过程分类

检测	评估	决策	维修
不检测	不评估	时间	维护 修理 改进 更新
定期检测	分级法	状态 风险	
状态检测	计分法	成本 可靠性	

　　设备检测实施通常有不检测、定期检测和状态检测三种手段,其中状态检测是根据设备评估后的健康状况及其发展趋势来选择检测的时机和时间间隔。设备评估实施通常有不评估、分级法和计分法三种方式,分级法是对设备状态按照严重程度分成几个等级,计分法是通过百分制打分来确定设备的状态。检修决策通常借助时间、状态、风险、成本和可靠性等方法作出判断。维修作业可以分为维护、修理、改进和更新四种类型。维护是为了保持设备状态而进行的清扫、润滑和紧固等作业;修理是为了保持设备期望的状态而开

展的消除设备缺陷或故障的作业;改进是为了提高设备的期望状态而对设备进行的局部改造;更新则是通过更换无法达到期望状态的设备或部件来恢复设备的期望状态。

检修方式是检测手段、评估方法、决策依据的合理组合。检测手段、评估方法、决策依据的合理组合体现在三个方面的关联性中,科学的检修决策基于对设备状态的准确检测和合理评估。检修方式的选择服务于检修目标,不同的检修目标决定了不同的检修方式。按照检修的目的和时机,检修方式分为事后维修、定期检修和状态检修三种典型的方式。事后维修是设备发生故障或失效后使其恢复到规定技术状态所进行的维修,包括故障定位、故障隔离、分解、更换、再装、调校、检验及修改损坏部件等活动。事后维修适用于对生产影响较小的非重点设备、有冗余配置的设备或采用其他检修方式不经济的设备。定期检修是根据设备磨损规律或经验,事先确定检修类别、检修周期、检修工作内容、检修备件及材料等的检修方式。定期检修的检修周期按累计工作时间或其他寿命单位确定,与设备状态无关。定期检修适用于已知寿命分布规律且确有损耗期的设备及难以随时停运检修的设备。适用于定期检修的设备其故障与使用时间有明确的关系,其大部分部件能工作到预期的时间。状态检修是根据设备状态信息,以预测设备状态发展趋势为依据,对设备状态进行科学精细的评价,及时有针对性地安排检修计划和内容的检修方式。状态检修适用于耗损故障初期有明显劣化特征的设备,并需要有操作性强的检测手段和技术标准。设备采用状态检修方式应具备以下条件:

(1)设备故障的发生不具有非常明显的规律性。

(2)设备有准确有效的监测方法和技术,可以检测到缺陷及故障的存在。

(3)从发现故障征兆开始到故障出现的故障潜在时间足够长,使修理和排除故障的措施能够实现。

(4)设备能够分解,有排除故障的可能性。

(5)设备在生产中占有重要地位,其缺陷在被发现时具有采取措施排除故障的必要性。

检修方式还有其他分类方法,按对象是否撤离现场分现场检修和后送检修;按是否预先有计划分为计划检修和非计划检修;按维修时机(设备故障前主动预防还是发生后处理)分为主动检修和非主动检修。主动检修又称为预防性检修,通常分为定期检修和视情检修。

每种检修方式都有其适用范围和特点,正确应用定期检修,适时进行事后检修,积极研究和适当应用状态检修,可以在保证设备运行完好性的前提下节约人力和物力。

6.1.2　检修决策

检修决策是状态检修中的重要环节。检修决策主要依据设备的健康状态,还须考虑检修成本、设备重要性、系统可靠性、系统效益、环境和社会风险等多种因素的影响,借助科学的方法选择合适的检修时机和方式,实现将各种因素的综合影响组合到最佳的状态。决策模式由于追求的目标不同而不同,常见的主要有基于设备状态的决策模式、基于设备全寿命周期成本的决策模式、基于可靠性的决策模式和基于设备风险的决策模式。

（1）基于设备状态的决策模式。状态检修首先是由美国杜邦公司在 1970 年提出的，其基本思想是根据设备状态确定状态不好的需要维修的设备并实施维修。基于设备状态的决策模式是状态检修的基本决策模式，这种决策模式以设备的状态响应为基础，通过对设备关键参数的在线监测、带电检测和停电试验，以及对设备外在特征的运行观察，识别设备已有的或正在发生的潜在的性能劣化迹象，对设备状态做出合理的综合评估，确定最佳维修时机和方式。这种决策模式的目标是减少设备停运时间，改善设备运行性能，延长设备使用寿命，提高设备可靠性和可用系数。

（2）基于设备全寿命周期成本的决策模式。美国军方于 20 世纪 60 年代中后期最早提出全寿命周期成本管理方法，这种方法在 20 世纪 80 年代后得到广泛应用。我国于 1987 年由中国设备管理协会引进了该项技术，并在军工、化工、油田等诸多行业取得了较好的应用效果。设备全寿命周期成本包括设备选型、设计、制造、试验、营销、运行、维护、能耗、保险、检修和报废等构成的设备制造成本和未来运行成本。基于设备全寿命周期成本的决策模式就是在全面掌握设备状态的基础上，决策时考虑检测费用、设备故障率和检修成本后确定最优的检测方案，选择最佳维修时机和方式。其目标是在改善设备运行性能、提高设备可靠性和可用系数的前提下，努力减少设备的检测和维修总费用，实现设备运行检修的最佳经济性。

（3）基于可靠性的决策模式。基于可靠性的检修经历了 40 年左右的发展，在民用航空工业、电力系统及其他工业领域中均有广泛应用。基于可靠性的决策模式是在考虑设备状态的基础上，侧重考虑可靠性因素，确定最佳维修时机和方式。可靠性是指系统或设备在规定条件下和预定时间内完成特定功能的能力。可靠性在不同行业有不同的内涵，这与运营方式和检修要求有关。电力系统中的可靠性包括设备和电网的可靠性。电网的可靠性主要指电网持续供电的能力。基于可靠性的决策模式考虑通过改善设备运行性能来提高电网和设备的可用系数，从而实现最高的电网供电安全性和稳定性。

（4）基于设备风险的决策模式。20 世纪 70 年代核动力工业的风险管理学科引起了设备检修中对风险的关注，并于 90 年代逐渐形成了基于设备风险的检修理念。这一理念在航空航天、石油化工、压力容器和管道等诸多行业得到了广泛的应用。基于设备风险的决策模式决策时以设备状态为基础，综合考虑风险、成本、效益等因素，确定最佳维修时机和方式。电力系统设备运行中面临一定的风险，对设备运行风险的容忍度取决于应对风险的手段、减少风险的投入经费和风险后果的大小。在状态检修中，综合考虑设备面临的风险和降低风险措施付出的成本，才能做出科学合理的决策。风险管理可以突出发生概率较小但后果较为严重的事件，与可靠性管理相比有明显的优势，基于设备风险的决策模式决策准确性更高。

6.1.3　检修体制

检修体制是指检修机构的设置，管理职责，过程实施的制度、方式和方法的总称。检修体制是检修组织形式的选择和应用,是实现检修任务和目的的手段和方法的综合。不同的检修体制采用的检修方式也不相同,每种检修体制都包含多种检修方式,有些检修方式则出现在多种检修体制中。

美国推行生产检修体制,运用检修工程学系统论的观点和方法,研究和解决设备的检修管理问题,强调设备由设计制造到使用检修全过程的整体规划,使用部门就设备的可靠性和检修性向设计制造部门提出保障要求,以促进设备的改进和更新,强调设备的综合管理,综述全寿命周期费用。

英国在 20 世纪 70 年代初期形成了设备综合工程学,将系统论、控制论和信息论的级别原理综合应用到设备管理中,强调设备综合管理,把检修融入设备整个寿命周期管理中,根据全寿命费用优化原则安排采用合适的检修方式。德国、法国、瑞典、意大利、瑞士等欧洲国家都从设备综合管理角度来组织设备检修,引入系统工程、计算机科学、现代管理科学,以追求设备可靠性、可用率及运行检修费用最小为核心,综合采用事后维修、预防维修和状态检修等方式。价值高昂、自动化程度高、关键流程设备及工艺技术进步缓慢的设备,应采用预防检修和状态检修,充分发挥设备的潜力,延长设备使用寿命。寿命较短、故障后果较小及经济磨损快于技术磨损的设备,因不追求设备潜力的充分利用和使用寿命的延长,多采用事后维修方式。

日本从 20 世纪 70 年代初至今主要推行全员生产检修体制,以追求最高的设备综合效率和确立以保证设备终身正常工作为目标的预防性检修方式。

苏联的检修体制以计划预修制为主,主要检修方式为检查后修理、标准修理和定期修理,强调以技术维护为主、检修规范化及检修的集中化和专业化。我国自 20 世纪 50 年代以来,在借鉴苏联经验的基础上,长期实行的是事后维修和预防性维修为主的检修体制,检修类别、项目、周期均按国家规程规定执行。在设备可靠性普遍不高且设备总量不多的情况下,这种检修体制对电力企业提高设备安全运行水平、规范检修管理起到了积极作用。随着社会科学技术的进步,电力设备以高参数、大容量、复杂化趋势发展,其安全经济运行对社会的影响也越来越大,检修投入大幅度上升,现行检修体制日益暴露出明显的缺陷。自 20 世纪 80 年代,电力行业开始探索和应用更先进、更科学的状态检修方式,取得了明显的成效。在原有检修机构的基础上,明确了状态检修管理的职责,建立和完善了适应状态检修要求的管理体系、技术体系和执行体系,并逐步向状态检修过渡。

6.2　状态检修管理

6.2.1　方针和目标

检修管理是企业资产管理的重要组成部分。检修管理方针和目标是实施检修管理的基础,决定了检修管理的方向。检修管理方针和目标与企业宗旨和资产管理密切相关,企业宗旨指导资产管理,资产管理制度决定检修管理方针和目标,检修管理方针和目标又支撑企业宗旨和资产管理。

检修管理方针是指导组织开展检修行为的总则,概述了检修管理的目的和目标、范围和要求、有关责任方的任务和职能、方针评价和改进方法等。

检修管理目标是一个涵盖检修管理各方面,决定检修管理方向的长期性计划。制定检修管理目标是确保有效开展检修必不可少的过程,是根据企业资产现状将企业宗旨和资产管理确定的业务目标转化为检修管理目标,选择合适的检修方式的过程。检修管理目标一般包括设备可用率、可靠性、安全性、风险和检修成本等。检修管理目标制定要考虑可以支撑实现检修管理目标的技术应用可行性和评估设备失效将造成的后果及其产生的影响,根据分析和评估结果选择适合的检修方式和类型。检修管理目标制定是一个动态过程,还包括选择的检修方式和类型应用后的设备失效风险再评估,根据评估结果对检修目标进行必要的修订、修正。

检修方式制定要进行管理评估和技术评估。技术评估的目标是提高设备的可靠性和可用率,包括对设备老化、磨损及功能失效的后果,以及检修技术的可用性。检修技术的可用性主要是指通过采用新工艺、新技术和新材料,保证检修质量、缩短设备停运时间和减少检修费用的可能及其实施效果。管理评估是从设备失效时对系统产生的安全、运行、经济等方面影响的分析判断,这种影响的严重性难以进行定量分析,实际中往往采用从各方面进行定性评估并进行组合给出综合结论。

6.2.2　业务模型

状态检修业务模型分为设计层、实施层、检修工作管理层。

(1)设计层完成故障机制模型确定和状态评价体系的设计。故障机制模型确定包括设备功能型式分析、故障模式和影响分析。状态评价体系设计包括定义设备的状态、确定设备状态采集量、确定评价体系和测量值。

(2)实施层根据设计方案采集设备状态数据,完成设备状态的评估,为检修工作管理层提供支持。数据采集包括一般设备的巡检、例行试验和对有缺陷又无法停电设备的带电检测或在线监测。选用带电检测或在线监测技术时要进行技术经济比较,论证技术的成熟度,以免技术不成熟造成设备的可靠性和可用率降低,增加设备不必要的停运次数。设备状态评估包括对设备状态的判断,即根据设计的规则对设备状态进行评价。如果设备状态正常,则进行设备健康度评估,预测剩余寿命;如果设备状态不正常,则进行故障诊断,确定故障部位及原因,预测设备状态和故障发展趋势,以便安排合适的时机进行针对性维修。

(3)检修工作管理层完成检修工作的组织实施和绩效评估。检修工作的组织实施即根据申请或计划的检修任务确定检修等级,制订检修工作计划和进度。检修工作的绩效评估包括及时整理和收集检修记录及相关文档资料,按照检修方针、目标和计划,进行分析评估,为检修工作持续改进提供依据。

6.2.3　检修体系

检修体系由管理体系、技术体系和执行体系组成。

6.2.3.1　管理体系

状态检修管理体系是指为保证状态检修工作顺利开展的制度保证,包括一系列管理规定和管理标准。管理体系通常包括状态检修管理规定、状态检修绩效评估标准和检测系统管理规范。

(1)状态检修管理规定。是状态检修工作的纲领性管理文件,定义状态检修的基本概念,规定开展状态检修应遵循的基本原则,对状态检修的组织管理、职责分工、管理内容、保障措施、技术培训、检查与考核等方面提出要求。

(2)状态检修绩效评估标准。实施状态检修后,应定期从安全、环境、效益等方面对工作体系的有效性、检修决策的适应性、工作目标的实现程度、工作绩效等进行评估,检查状态检修工作开展的实效,并从中找出偏差和问题,以达到持续改进的目的。绩效评估的内容包括建立状态检修绩效评估指标体系,确定实施范围、评估机构、评估方法、评估流程、评估内容、评估报告的规范格式等方面的要求。

(3)检测系统管理规范。包括管理职责、选型和使用、安装和验收、运行、维护、培训等方面的管理要求。

6.2.3.2　技术体系

状态检修技术体系是指支撑状态检修工作的一系列技术标准和导则,是开展状态检修的技术保证,是构建状态检修辅助决策系统的技术依据。技术体系通常包括状态检修导则、状态评价导则、风险评估导则、状态检修试验规程、状态检修辅助决策系统技术导则、检测系统技术导则和检修工艺导则。

(1)状态检修导则。规定了设备状态对应的检修等级和内容,以及制订针对性检修方案的过程和方法。

(2)状态评价导则。设备状态评价是状态检修工作的核心,通过持续规范的设备跟踪管理,以设备日常监视、检测、试验采集信息为主,辅以在线监测数据,对设备状态进行分析评估,掌握设备运行状态和健康水平。状态评价导则规定了设备状态参量、权重、评分标准、设备分部件的划分及根据状态参量评价设备状态的方法。

(3)风险评估导则。设备风险评估是状态检修工作的重要环节,根据设备状态评价结果,综合考虑安全、环境和效益因素,确定设备运行存在的风险程度。风险评估导则包括评估的数学模型及影响风险值的资产、损失程度、设备平均故障率等要素的计算方法,以及不同风险值设备的处理原则。

(4)状态检修试验规程。状态检修试验是状态检修工作的基础,应充分考虑环境、设备状态、电网结构等地域特点,吸收最新的现场试验项目和分析方法。试验规程规定了检查、试验的项目和周期,基于设备状态的试验周期和项目调整方法,以及例行试验、诊断性试验、在线监测、带电检测、家族缺陷、不良工况等状态信息的技术要求。

　　(5)状态检修辅助决策系统技术导则。规定了状态检修辅助决策系统应具备的统一业务模型、接口规范、系统平台、软件设计等技术要求,是指导各规范设备状态评价系统建设的主要技术依据。

　　(6)检测系统技术导则。规定了系统选型、参数选取、试验和检验、现场交接验收、包装、运输和储存等方面的技术要求。

　　(7)检修工艺导则。规定了检修程序和基本工艺标准,是设备检修工作的具体指导文件。

6.2.3.3　执行体系

　　执行体系是状态检修实施的资源保证,包括执行状态检修各环节的人员和组织及其执行过程。执行体系运作过程包括设备信息收集、状态评价、风险评估、检修决策、维修实施和修后评价、人员培训等。另外,检测和试验设备配备、人员培训和设备状态管理是需要重视的重要环节。

　　检测和试验设备是获得设备状态信息的重要工具,掌握设备技术和管理知识及具备必要的状态获取技能是设备状态管理的保证。检测和试验设备要根据设备状态信息采集和管理的需要来配备,并保持良好的状态。人员的技能通过培训来实现和提高。通过培训,人员可以准确掌握设备原理、性能、重要指标等参数,提高设备状态有效监视和综合分析判断的技能,借助设备运行状况变化及各类试验数据的综合分析,敏锐发现设备存在的问题,及时开展跟踪测试和维修,确保设备可靠运行。

　　设备状态管理包括对设备初始状态的控制、运行状态的把控和对设备良好状态的保持。设备初始状态的控制主要通过设计、选型、制造、建设和交接等环节的技术监督,保证设备初始状态符合规定。设备运行状态的把控主要通过运行监视、设备检测试验等工作,及时收集、归纳、处理设备运行信息,对设备状态作出判断。设备良好状态的保持主要通过及时处理设备缺陷和隐患、针对性的设备维护检修等工作来实现。

6.3　状态检测技术

　　状态检测是收集状态特征量的过程,是准确制定检修策略、提高设备检修质量、降低检修成本的基础。状态检测是应用各种状态检测技术对设备开展多元化、多角度的综合检测,以便获得更全面、更准确的状态信息。除常规的巡视检查(巡检)和定期试验外,带电检测、在线监测和红外检测等新技术可以为更有效获取设备状态信息提供帮助。

6.3.1　巡检

　　巡检包括人工巡检和不停电检测。

6.3.1.1　人工巡检

人工巡检是指专业人员根据相关标准通过眼观、耳闻、鼻嗅和触摸等方法对设备状态的检查和判断。人工巡检具有地域性和专业性特点,地域性是指由于地区气候环境等条件不同巡检重点有所区别,不同类型设备也因结构、性能和运行要求的不同,巡检的关注点也不同。按执行的方式,巡检分为日常巡检、特殊巡检和故障巡检。

(1)日常巡检是运行人员对设备运行期间进行的日常检查,重点关注设备运行状态和运行环境的变化,可以及时发现设备缺陷和可能威胁设备安全运行的情况。日常巡检要对设备外观进行检查,主要包括设备表面是否有裂纹破损、严重锈蚀、渗漏和放电痕迹;包括对设备表计的检查,重点关注表计指示是否在正常范围内;包括对设备附属构件的检查,重点关注设备附件是否工作正常。日常巡检要对设备运行声音进行检查,包括设备运行声音是否平稳、是否有放电闪络等异常声响、整体噪声是否异于平常等。日常巡检要对现场气味进行检查,关注是否有过热造成的焦灼味或发生电化学反应生成的特征气味等。日常巡检要通过触摸设备安全部位对设备温度、振动和受潮等情况进行检查。

(2)特殊巡检是在有外力破坏可能、恶劣天气(大风、暴雨、高温、覆冰等)、重要的保电任务、设备带缺陷运行等特殊条件下进行的全部或部分设备的巡检。如设备现场施工是否对运行设备采取了足够的防护措施,高温季节来临前是否针对性地对重负荷的电流致热型设备进行针对性的红外检测。特殊巡检无固定周期,但针对性强,以保证特殊时期内不存在可能影响设备安全运行的隐患。

(3)故障巡检是在故障发生后,对故障设备及故障环境进行的巡视检查,主要是收集故障信息,包括故障位置、故障范围、故障程度、故障现象、故障参数等。为缺陷分析提供基础材料。

6.3.1.2　不停电检测

不停电检测是在电气设备运行时,采用接触或非接触方式,通过特定的装置连续或非连续地获取状态量的过程。不停电检测无需停电,不影响供电可靠性,检测状态与运行工况相符,能比较准确地反映设备存在的某些缺陷,投资少、应用灵活。不停电检测主要包括特高频检测、声学检测、远红外检测、红外检测、紫外放电检测、油中溶解气体分析、SF_6气体检测等。

(1)特高频检测主要用于电气设备局部放电检测。与传统的脉冲电流法比,特高频检测法可以有效抑制外部电磁干扰,提高了测量灵敏度,能更真实地获取放电脉冲波形,便于分析绝缘中局部放电性质和物理过程。

(2)声学检测可以检测声压有效值和相位,用于电气设备局部放电的检测,可以弥补其他检测方式不能对尚未形成放电的潜伏性缺陷响应的不足。用于声波检测的频率较低时容易受环境噪声的影响,检测频率较高时信号衰减严重,最佳的检测频率为 10~40 kHz。利用声波远距离传播衰减大的特点可以实现对放电的定位。

(3)远红外检测用于设备发热的监视,具有效率高、判断准确、图像直观、安全可靠、不受电磁干扰等特点。电气设备发热与其工作状态有关,高电压、大电流、高温等运行状态下的电气设备容易发热,接触不良、绝缘劣化等故障也可能导致设备发热。远红外检测已经成为电气设备状态检查的必要手段。

(4)红外检测容易受到背景辐射、大气吸收、环境温度、气象条件和电气设备运行状态的影响。选择高性能的红外成像仪能有效降低背景辐射的影响,选择无光照的夜晚、关闭照明灯、保证安全的前提下采取适当的遮挡措施、正对设备、缩小测温距离等措施可以有效降低背景辐射的影响。选择干燥和清洁的大气环境可以有效降低大气吸收的影响。红外检测时应避开环境温度过高或过低时间段,以降低环境温度的影响。对一次设备的红外检测应选择负荷高峰时段进行,对二次设备测温受负荷变化影响不大。

(5)紫外放电检测可以发现设备表面粗糙、污秽、绝缘处理不良、接触不良、断线等缺陷导致的高电场电离放电现象。紫外放电受到增益、湿度、风力等因素的影响。检测时随着增益的增高,图像依次呈点状、辐射星状和云状,其中辐射星状比较适宜进行检测,点状用于放电位置定位,增益较大时的云状会产生很高的背景噪声。湿度大时影响紫外成像检测效果,应避开大雾和雨天进行紫外检测。风力较大时会影响紫外成像的模式,因此紫外成像检测应避开大风天气,尽量在无风或风力很小的条件下进行。

(6)油中溶解气体分析通过分析油中所溶解气体的成分和数量来判断设备内部是否存在潜伏性故障,并实现对设备故障的分析判断,从而确定故障是否会危及设备安全运行。油中溶解气体分析主要是色谱法,包括载气系统、进样系统、分离系统、检测和记录系统、辅助系统。常用的检测器包括热导检测器、氢火焰离子化检测器和电子捕获检测器,使用时应根据系统特点合理使用,达到准确检测的目的。油中溶解气体分析已经逐步实现了在线监测,并有基于光声光谱的在线监测系统,减少了易消耗部件,提高了检测准确度和灵敏度。

(7)SF_6 气体检测包括对其渗漏情况及分解产物的检测。SF_6 气体渗漏情况检测可以借助激光检漏技术利用检漏仪器进行检漏,通过视频成像准确直观地反映传统方法较难发现的设备漏气点,提高了设备检漏的有效性。对 SF_6 气体分解产物的检测可以有效发现 SF_6 电气设备故障和缺陷,因为 SF_6 电气设备在有缺陷或故障时会因高电弧放电、较强的局部放电及异常高温产生大量的分级产物。SF_6 气体分解产物检测方法有气相色谱法、电化学传感器法、检测管法和动态离子法。现场检测多用电化学传感器和检测管法对 SO_2、H_2S、CO 含量进行检定,若 SO_2 或 H_2S 含量异常,应结合 CO、CF_4 含量及其他状态参量变化、设备电气特性、运行工况等对设备进行综合诊断。

6.3.2　停电试验

停电试验是目前获取电气设备状态的主要手段,主要包括绝缘参数测试、导流参数测试和特性参数测试。

6.3.2.1　绝缘参数测试

绝缘参数测试是检测电气设备绝缘性能的主要手段,包括绝缘电阻测试、介质损耗因数及电容量测量、直流泄漏电流测试、局部放电测量和交流耐压试验。

（1）绝缘电阻测试是检测电气设备绝缘性能的最简便常用的方法，根据绝缘电阻数值及其变化可以判断绝缘受潮和脏污、绝缘劣化和绝缘击穿等缺陷。测量绝缘电阻时应选择环境温度在 10~40 ℃、相对湿度不高于 80% 的条件下进行，对于变压器等大型设备采用吸收比和极化指数来判断更为客观，大电容设备测量前还应充分放电。

（2）介质损耗因数及电容量测量是检测电容型电气设备绝缘状况的重要方法，其检测灵敏度较高，可以有效发现绝缘整体受潮、劣化变质及小体积试品绝缘贯通和未贯通的局部缺陷。介质损耗因数测量要结合设备电容量大小选择接线方式，并注意现场环境等因素对测量结果的影响，采取合理措施尽量减小杂散电容、杂散损耗的影响。

（3）直流泄漏电流测试通过对电气设备施加直流电压来测量其泄漏电流，试验电压比测量绝缘电阻电压高，可以连续调节，能有效发现设备绝缘局部缺陷。此试验结果重复性好、灵敏度高。直流泄漏电流测量时，绝缘表面和空间的泄漏对试验结果影响较大，须采用屏蔽措施保证试验的准确性。应采取减小杂散电流的措施，包括延长被测绝缘与接地体的距离、保持试验设备及连接导线的表面光滑等。应控制升压速度，按试验电压的 0.01~0.25 倍逐级升压，并在每级升压后停 30 s，以减小对大电容设备充电电流及电流稳定过程的影响。

（4）局部放电测量是检测电气设备绝缘劣化的有效手段。局部放电是小能量放电，短时间内不影响电气设备绝缘强度，是绝缘劣化的征兆。常用的局部放电测量方法为超声波法和脉冲电流法。超声波法灵敏度低，常用于局部放电源的定位。脉冲电流法通过检测阻抗测量局部放电产生的脉冲电流信号，校正后得到被试验设备的局部放电量，灵敏度高，试验结果可对比性强。局部放电测量中应注意排查和控制影响放电的因素，如电源干扰、接地干扰、悬浮电位放电干扰、电晕放电干扰和接触放电干扰。

（5）交流耐压试验是对电气设备绝缘最严格、最接近运行情况的考核，通常对电气设备施加足够裕度的电压，在一定时间内绝缘不失效为合格。交流耐压试验是破坏性试验，应在绝缘电阻、介质损耗因数等非破坏性试验合格的基础上，充分评估交流耐压试验风险后，确定是否进行。空气湿度或脏污会造成绝缘表面滑闪放电或空气放电，应经过清洁、干燥等处理后再进行试验。

6.3.2.2　导流参数测试

导流参数包括断路器（隔离开关）导电回路电阻和变压器直流电阻。

（1）断路器导电回路电阻测量主要测试动静触头间接触电阻。接触电阻变大会增加导体通流时的损耗，造成接触处温度升高，影响导体正常载流能力和触头切断短路电流的能力。断路器导电回路电阻测量在合闸状态下进行，采用直流压降法。测量断路器导电回路电阻应施加大于 100 A 的直流电流，否则测量误差较大。测量时电压线应接在导电回路内侧，排除仪表内置带来的测量误差。

（2）变压器直流电阻测量可以检查绕组接头焊接直流、绕组有无匝间短路、分接开关是否接触良好、绕组或引出线有无折断等缺陷或故障，是变压器常规例行试验项目。测量大容量变压器低压侧直流电阻时，将变压器一次、二次绕组串联的助磁方式，可以缩短充电时间。助磁法测量后应进行消磁处理。测量变压器直流电阻时应注意采用足够接触面且接触良好的导线以减小导线影响。对于大容量变压器应充电完全,将自感效应降低到最低限度,待仪表数据稳定后读取数值。

6.3.2.3　特性参数测试

电气设备特性参数一般是指断路器的分合闸机械特性参数和变压器的绕组变形参数。

断路器的分合闸机械特性参数包括分合闸时间、分合闸速度、分合闸不同期度及分合闸线圈动作电压。断路器的分合闸速度影响其开断电流的能力、触头的电磨损和熔焊。分闸速度降低,将增加燃弧时间,易造成触头烧损;合闸速度降低,将引起触头振动或处于停滞状态。分合闸速度过高,会使运动机构受到过度的机械应力,造成部件损坏,增加机械冲击和振动,触头弹跳时间加长。分合闸不同期将造成线路或变压器非全相接入系统或从系统断开,容易造成危害绝缘的过电压。分合闸线圈动作电压偏高会导致断路器不能动作;分合闸线圈动作电压偏低会导致断路器误动作。断路器的不正常动作将影响电网安全运行。

断路器机械特性参数测试通过高压开关综合测试仪进行,在断路器一次分合闸操作循环中,能同时完成时间、速度等多项机械特性参数的测量。速度测量采用电位器传感器,包括直线型电位器和旋转型电位器。

变压器绕组变形是判断变压器特性的有效手段。变压器一般在承受较大的短路电流后,绕组等机械部件容易受到损伤,可以通过测量绕组变形来检测。变压器绕组变形检测采用短路阻抗法和频率响应法,容易实施。短路阻抗法通过测量工频电压下变压器绕组的短路阻抗反映绕组的变形、移位和匝间开路或短路等缺陷。频率响应法在绕组的一端口施加电压信号,采用数字化记录设备同时检测不同扫描频率下绕组两端的对地电压信号,得到基于绕组电感、电容的传递函数。扫描频率范围内传递函数曲线的差异变化,能够灵敏地反映变压器绕组的变形情况。

现场进行变压器绕组变形测试时,受到引线节点和位置、检测阻抗、变压器分接开关位置和铁芯剩磁等因素影响。变压器绕组变形分析主要是比对不同时间测量的结果,因此要记录测试时试验接线的信息,以便保持检测条件的一致性。分接开关应尽可能放到最高分接,必要时进行消磁处理。

6.4　状态评价技术

状态评价(评估)是根据状态检测资料对设备状态进行判断的过程,状态评价结果是进行状态检修决策的基础。大型电力设备自动化程度高,设备系统日益复杂,需要借助多个指标对设备状态进行评价。设备状态评价本质上是一个多状态量决策问题。

6.4.1　评价流程

评价是根据明确的目的测定评价对象的属性指标,转换成客观定量计算或定性分析,以确认的某些标准为度量尺度,采用科学的衡量方法,将所得的结果与事先预定的目标相比较,作出判断的过程。电气设备状态评价就是在借鉴历史缺陷和故障经验的基础上,通过对采用运行巡视、定期检测和在线监测等技术手段获得的状态信息进行分析处理,借助数学模型和评估方法得出设备总体状态等级的过程。

设备状态评价需要先确定设备状态等级和范围,设计相应的状态评价指标体系,确定状态评价模型和方法。然后按照设计的状态评价体系完成状态量的采集,并利用科学合理的模型和方法对指标进行处理和分析计算。最后根据状态量评价结果,按照预先设定的状态等级范围作出设备状态的评判。结合设备检查试验实际对设备状态评价结果进行验证,以评价结果的合理性。当评价结果与设备状态不吻合时,应对设备状态评价模型进行修正。

6.4.2　状态量选择

状态量是根据研究目的确定的评价对象属性指标,应能准确地反映研究对象某一方面性能的特征及其变化。状态量选择是对设备状态评价指标体系的设计,包括选择标准、采集渠道和分类。

6.4.2.1　状态量的选择标准

状态量应能对评价对象本质特征进行客观描述,能够反映评价对象的特征和属性。设备参数及影响运行状态的因素多而复杂,选择评价状态量时不能选择全部状态量,应综合考虑状态量所起作用的大小,选取最能反映设备状态变化的状态量。状态量选取应遵循下列原则:

(1)客观性。选择的状态量应与评价客体和评价目标一致,不受评价主体价值观念的影响。同时选择的状态量应概念明确、定义准确,计算方法和模型应科学规范。

(2)可测性。状态量能够通过测试仪器、试验统计或数学公式等方法获得,便于实际使用和度量,具备现实收集渠道。为了便于比较,状态量应选取能够量化的指标。对于重要的主导设备状态的难以量化的指标也要考虑,应严格控制数量。

(3)全面性。状态量必须包含设备状态的各个方面和层次,能够反映设备的动态变化,体现运行状态的发展趋势。

(4)独立性。状态量不应相互关联、不应交叉、不应相互包含。

(5)灵敏性。设备状态量应能随设备状态某项属性变化而发生变化,能反映设备状态变化规律,且具有相同的变化规律。

(6)简洁性。状态量应简洁实用,避免包罗万象、繁琐复杂,庞杂和冗长都会影响状态评价工作的顺利进行。

6.4.2.2　状态量的采集渠道

设备评价的状态量采集渠道包括设备台账等原始资料、运行资料、检修资料、试验资料及其他资料。

（1）原始资料。包括铭牌参数、订货技术协议、技术联系文件、会议纪要、设备监造报告、出厂资料、出厂试验报告、运输记录、安装报告、交接试验报告、竣工图纸等。

（2）运行资料。包括投运日期、运行工况、历年缺陷及异常记录、运行记录、带电检测和在线监测记录等。

（3）检修资料。包括巡检报告、试验报告、检修报告(含技改)、反措执行情况等。

（4）其他资料。设备家族缺陷和历次状态评价报告等反映设备状态信息的资料也应考虑。

试验是状态信息采集的重要手段，包括制造、出厂、交接到运行期间的试验，试验项目包括定期预防性试验及必要的诊断性试验。运行工况既包括运行时间累积因素，还应包括过负荷、短路、过电压等特殊工况信息。

6.4.2.3　状态量的分类

设备状态量按照不同的研究目的可以分成不同的类别，常见的分类包括状态量与设备状态关系、测量性质和设备失效结果。

（1）按照与设备状态关系的强弱，状态量可以分为主状态量和辅助状态量。主状态量是指对设备的性能和安全运行有直接影响的状态量；辅助状态量是指对设备性能和安全运行影响较小的状态量。

（2）按照测量性质，状态量可以分为定性状态量和定量状态量。定性状态量只能定性地描述设备状态；定量状态量可以用数据描述设备状态。定量状态量包括功能型状态量、损耗型状态量和区间型状态量。功能型状态量的测量值越大表示设备状态越好；损耗型状态量的测量值越小表示设备状态越好；区间型状态量的测量值在某一固定区间最好。

（3）按照设备失效结果，状态量分为安全、性能和其他三类。影响设备安全运行的状态量包括绝缘性能、油性能和气体性能等。影响设备运行能力和寿命的性能状态量包括温升、机械特性和载流能力等。影响设备外观等方面的状态量包括渗漏、防护等。

6.4.3　状态量分析

状态量分析是利用数学模型或统计分析等手段来度量状态量的过程。状态量分析中需要结合研究目的和研究对象状态量变化规律确定合适的分析方法。其中，确定状态量变化规律并将其量化是重要前提，其次是将状态量的变化转换为可以度量的指标，最后还要进行状态分级，这样才能实现状态量分析。

常见的状态量分析方法是趋势分析。趋势分析适合反映状态按一定趋势增大或减小的状态量分析。趋势分析中需要确定状态变化的分界点，这取决于状态变化规律。目前常见的做法是根据经验设定分界点，如初值差、注意值和警示值。

（1）初值差是指状态量与初值相比变化的程度，一般用百分比表示。初值是状态量的基准值,可以采用出厂值、交接试验值或例行试验值,应选择与状态量采集相同或相近条件下的数值,以便进行比较。

(2)注意值是指设备可能存在或可能发展为缺陷的状态量值。应用注意值的状态量一般受环境、试验条件等影响较大,试验数据分布范围广,仅凭试验值大小无法确定设备的状态,但对分析设备状态有参考价值,应引起注意。

(3)警示值是指设备已存在缺陷并可能发展为故障时对应的状态量值。应用警示值的状态量通常数据稳定且不受环境影响。当状态量超过或接近警示值时,应尽快安排正在运行的设备停电检查,或尽快消除停电设备的隐患。

状态量分析需要将状态量量化,一般通过数学模型实现。定量状态量量化中要进行无量纲化和同趋势化处理。无量纲化处理是通过一定的数学变换消除量纲影响,把量纲各异的状态量转化为一个相对数。同趋势化处理是将不同变化方向的状态量统一到反映状态劣化的方向,以便于进行融合分析处理。状态劣化可以通过劣化函数来表示,劣化函数根据设备状态变化规律来拟合,常见的有线性关系型和曲线型。线性关系型的状态量量测值与不受量纲影响的评价值呈线性关系,设备性能劣化速度不变,即劣化程度对劣化速度没有影响。曲线型的状态量量测值与不受量纲影响的评价值呈曲线关系,设备性能劣化速度是变化的,即不同劣化程度或劣化阶段的劣化速度不同,或速度加快或速度趋缓。从状态劣化趋势看,比例劣化属于设备的自然劣化,加速劣化是设备存在缺陷或运行条件恶化下的劣化,减速劣化是运行条件改善后的劣化。减速劣化条件的出现在实际中很难预测,加速劣化函数的劣化系统难以确定,分析评价中常采用线性劣化函数。

状态量分析评价包含对各状态量的分析处理和融合过程,关于变压器状态量的分析处理在第 1 章中已经有详细的阐述,这里不再赘述。

6.5　检修决策

检修决策是检修方式的选择过程,其依据是企业的总体战略和资产管理确定的业务目标,包括确定合适的检修目标,制订合适的检修计划组合。检修决策是一个复杂的、有机结合的整体,涵盖检修管理的各个方面。

6.5.1　检修决策的层级结构

检修决策是检修管理各层级共同的任务。检修管理层级一般分为检修策略层、检修计划层和检修作业层。

(1)检修策略层负责检修方式的决策。一般是由企业高层管理者根据企业的经营目标、经营策略、设备特点和技术水平选择合适的检修方式,并根据确定的检修方式建立相应的组织管理体系、技术体系和执行体系。

(2)检修计划层负责设备检修的管理工作。中层管理者根据确定的检修方式、标准体系,完成所辖区域和分管范围的检修管理工作。检修计划层负责对检修所需的人力资源、资金资源及组织机构进行优化调整,编制检修计划,审批检修方案。

(3)检修作业层负责检修工作的具体实施。作业层对所管辖的设备进行运行维护和检修管理,包括对检修任务分解落实,对人员物资车辆等检修资源的分配和安排,对检修现场工作的安全、质量和进度的控制。

企业实行状态检修,要建立相应的管理体系、技术体系和执行体系。检修计划层主要负责落实状态检修标准体系、建立健全设备台账、检查设备状态信息收集工作的规范性、审批设备状态评价和风险评估结果、确定设备检修的必要性、编制设备检修计划、督促检查检修计划的实施、组织开展对检修工作的绩效评估等。检修作业层负责具体落实状态检修的标准体系,收集管辖范围内设备的相关资料和文件,完整、准确和及时地采集设备的状态信息,进行初步的状态评价,提出初步的检修计划,根据下发的检修计划编制检修方案并完成检修任务。

6.5.2　检修策略

检修策略是根据确定的检修方式对检修类别、检修周期和检修时机的具体确定,通过检修计划来体现。在制订检修计划时,要综合考虑设备的重要性、停运检修对生产运行的影响、设备故障后果的严重程度,以及检修资源的分配和利用等因素,以实现检修目标。

检修目标是制定检修策略的基础。检修目标的制定是围绕企业总体发展战略和资产管理战略,根据企业设备资产的现状及其发展,将企业战略中与设备性能有关的部分逐步细化为设备检修管理活动目标的过程。对于电力企业,企业战略包括安全、可靠供电、经济效益和社会责任等。电力企业的检修目标主要是提高设备健康水平、可用率和可靠性,最大限度地减少或缩短停电时间,在保证电网安全、可靠运行及人身安全的前提下,有效降低检修成本,提高经济效益。根据电力企业的检修目标,通常采取的检修策略包括基于设备重要性的检修策略、基于设备寿命的检修策略和基于故障特征的检修策略。

6.5.2.1　基于设备重要性的检修策略

基于设备重要性的检修策略首先考虑设备在电力系统中的重要性,再结合企业的检修资源、管理水平、技术水平、供电安全可靠性要求等因素,来确定不同设备的检修方式,以确保关键设备、重要设备的检修资源和检修质量。

电力系统中一般把发电机、变压器、高压断路器等设备作为重要设备,因为这些设备对于电力系统的安全可靠运行具有重要作用,且这些设备一般价值高,故障后修复费用高,修复时间长。针对这些设备,一般采用状态检修为主、其他检修方式为辅的检修策略。

中压系统中的供用电设备对电网的安全运行比较重要,但设备单体价格通常不高,其重要程度与供电对象的重要性密切相关。对于供电可靠性要求较高的场所的主要供电设备宜采用状态检修为主的检修策略。对于供电可靠性要求不是特别高、停电后不会造成明显不良后果的用户的供电设备,可采用事后检修方式,也称故障检修方式,这种检修方式能有效降低设备的运行维修成本。同时可以通过增强配电网结构,实施配电自动化,实现自动故障定位、故障隔离和网络重构等技术措施,快速恢复对用户供电。

低压配电系统中的设备数量庞大,分布广泛而零散,且单体价格很低,大部分单个设备的重要性较低。这些设备适合采用故障检修方式,检修以更换为主。

6.5.2.2　基于设备寿命的检修策略

基于设备寿命的检修策略结合设备寿命的不同阶段采取不同的检修方式,以提高检修方式的针对性,从而提高设备系统的运行安全和经济效益。

发变电设备的寿命周期(磨损老化状况)一般划分为三个不同阶段:初始故障期、偶发故障期和损耗故障期。发变电设备寿命周期内的故障概率水平可用浴盆曲线表示,一般在两头为故障高发期,在中间相当长的时间内为故障低发期。

(1)设备初始故障期是从设备安装投入使用到运行稳定的时间段,时间长短与设备的设计、制造及制造工艺密切相关,一般从几个月到一两年。设备初始故障期发生的故障主要是由设计、制造上的缺陷引起的,也与使用环境不当密切相关。设备初始故障期主要采用的检修策略是加强设备巡视检查、带电检测、原因分析和消除缺陷,必要时定期停电试验和检修。对于关系到设备安全运行和寿命的重大缺陷,则可能导致设备返厂检修甚至退货。

(2)设备偶发故障期指设备运行处于状态稳定期,此期间设备故障发生概率最低。设备偶发故障期可以延续 10~20 年,甚至更长时间,与设备工作负荷及运行维护水平有关。偶发故障期设备故障一般是由于运行环境突变、维护检修不足、操作维修失误引发的,因此可以通过提高设计质量、改进运行管理、加强监视诊断和维护保养等工作,降低故障概率。在此阶段,设备采用状态检修方式是科学合理的,也是经济高效的。

(3)设备损耗故障期是指设备由于磨损、疲劳、腐蚀、老化等原因,设备的故障开始增加,故障率逐渐上升。在设备损耗故障期,应加强对设备的带电检测,并侧重于对设备进行修复性主动检修(技术改造),尽可能将设备性能恢复到能够安全可靠运行的状态。当设备处于损耗故障期的最后阶段,失去检修价值时,设备报废也是最合适的选择。

6.5.2.3　基于故障特征的检修策略

基于故障特征的检修策略适用于具体设备的某个阶段。根据设备在某一阶段的不同故障特征起因采取相应的检修策略。

(1)先天性故障多由设计缺陷、制造缺陷、装配缺陷、原材料缺陷等原因引起,表现为重复性故障,需要进行重新设计或技术改造,或更换重复性故障的设备零部件,才能彻底解决问题。此类故障应采取专项针对性检修或技术改造。

(2)缺陷性故障是设备或系统局部的失效,及时采取措施可以恢复设备系统功能。一般根据缺陷的严重程度和紧急程度,限定时间长短进行处理。

(3)周期性故障是指设备的故障是定期发生的,这是因为设备或系统具有明显的损耗周期,如轴承的磨损、橡胶的老化、金属基体的腐蚀等,这类故障应采取定期检修方式处理。

(4)无周期故障是设备损耗周期不清晰的情况下发生的故障,可能是设备处于偶发故障期,或者设备劣化从潜在故障到功能故障间隔不明显,此类故障发生没有规律性。此类故障如果采用定期检修容易造成检修过度或检修不足。如果设备的劣化或故障可以通过试验或状态监测进行预测并通过状态评价进行判断,应采用状态检修方式处理。

(5)损耗性故障指设备或零部件进入老化、劣化或磨损明显的损耗故障期,表现出磨损、变形、剥落、点蚀、开裂、脆化等,零件明显损耗,应通过表面处理、补充强化、更换零件等纠正性、改善性检修加以解决。

(6)失误性故障多是操作失误或检修不当引起的,应进行针对性检修并加强管理,加强技术培训,建立健全治理管理体系、制定纠错防错管理流程及标准化作业指导书,提高作业人员素质,杜绝人员失误造成设备故障。

对于后果不严重的故障,既不会造成大的损失,又不会造成设备连锁损坏,或设备的重要性不高,可以采用最大限度延长设备有效使用周期的事后检修策略。

6.5.3　检修类别

检修类别是对设备检修实施范围及内容的分类和描述。不同检修类别的检修工作量及检修资源消耗也不相同。检修类别的选择依据是设备的状况。传统的设备检修一般分为大修、中修(局修)和小修。大修是对设备的全面检修,需要将设备解体,检修工艺要求高,技术复杂,检修时间长,消耗的检修资源较大。中修是对设备局部的检修,包括对部件的更换或改造,检修工艺要求比较高,技术比较复杂,消耗的检修资源较大。小修是指对设备进行维护性检修,包括对小零件的更换、润滑和紧固等,检修工艺要求相对较低,检修时间短,消耗的检修资源较小。

发变电设备的检修工作更为复杂,为了开展状态检修工作需要进行状态采集分析,新的趋势是增加了设备的不停电检修和带电作业,将检修类别分为 A、B、C、D、E 五个类别。

(1)A 级检修是大修,指对设备整体性检修,包括对设备进行全面的解体、检查、修理及修后试验,以保持、恢复设备性能,属于停电检修。大修在设备解体的基础上,修复基准件,更换或修复全部不合格的组部件,修复和调整设备的电气及液动、气动系统,修复设备的附件及翻新外观等,全面消除修前存在的缺陷,恢复设备的规定功能和精度。

(2)B 级检修是中修,指对设备部分功能部件进行分解、检查、修理、更换及修后试验,以保持、恢复设备性能,属于停电检修。局部检修是根据设备的实际情况,对状态劣化已难达到性能要求的部件进行针对性维修。一般要进行部分拆卸、检查,更换或修复失效的组部件,必要时对基准件进行局部维修和精度调整,从而恢复所修部分的精度和性能。检修的工作量视实际情况而定,具有安排灵活、针对性强、停运时间短、维修费用低的特点,能及时配合生产需要,避免维修过剩。

(3)C 级检修是小修,指在设备停电状态下进行的清扫、检查、维护、一般性消缺和试验,以保持和验证设备的正常性能。实行状态监测的设备,小修的内容是针对日常检查、定期检查和状态监测诊断发现的问题,拆卸有关部件,进行检查、调整、更换或修复失效的零件,以恢复设备的正常功能。对于实行定期维修的设备,小修的内容是根据掌握的磨损规律、老化规律,更换或修复在维修间隔内即将失效的组件,以保证设备实现正常功能。

(4)D 级检修是维护性检修,指对设备的带电测试和不停电情况下的外观检查、维护和保养,以保证设备正常运行。

(5)E 级检修是对设备带电情况下进行的等电位消缺、维护和检修,属于带电作业检修。带电作业在输电线路检修工作中应用较多。

对于变压器检修,A 级检修指需要检修人员进入变压器本体内部的检修工作;B 级检修指不需要进入变压器本体内部的检修工作,包括主要部件的更换处理及相关的诊断性试验工作;C 级检修指例行的设备维护和试验工作;D 级检修指不停电状态下进行的设备部件更换、检查等检修工作;E 级检修一般指带电作业。具体情况见表 6-2。

表 6-2　变压器的检修类别

检修类别	检修内容
A 级检修	吊罩、吊芯检查;内部主要部件(绕组、铁芯等)修理、改造、更换;返厂检修
B 级检修	主要部件更换,包括套管、升高座、储油柜、调压开关、冷却系统、非电量保护装置、绝缘油和其他部件;主要部件处理;放油检查;现场干燥处理;诊断性试验,包括局放或超声定位、空载试验、短路试验、感应耐压试验和其他诊断性试验
C 级检修	清扫、检查、维护;例行试验
D 级检修	专业巡视;带电测试;带电水冲洗;不停电维护保养
E 级检修	等电位消缺、维护和检修

6.5.4　检修周期

检修周期是两次检修之间的时间间隔。不同的检修方式确定的检修周期也不相同。

(1)采用事后检修方式时,不需要确定检修周期,因其检修是在系统或设备故障后进行的,故障间隔就是检修周期。因故障的无规律性,检修周期不固定。

(2)采用定期检修方式时,检修周期根据设备特点及检修规范确定,到期必修。对于发变电系统主要设备变压器,大修周期为 10～15 年,小修一般参考预防性试验周期为 1～3 年。

(3)采用状态检修方式时,检修周期不再是相对固定的时间段,而是取决于设备的健康状态。状态检修周期确定受到一些因素制约。设备的结构、工作原理及零部件使用寿命决定了设备检修周期不能超越某一数值,如密封件和绝缘件都存在比较固定的使用寿命或周期,这些因素决定了状态检修的周期最长不能超过此数值。另外受检测技术限制,设备状态监测需要结合定期的停电试验进行,停电试验时也做一些维护性和保养性工作。

一般而言,当设备状态评估为良好时,检修周期可以适当延长;设备状态有异常时,应适当缩短检修周期。当带电检测手段能够获取设备状态评价需要的信息时,设备定期停电试验的周期可以更长。

对应状态检修方式的检修周期包括两个部分:基准周期和调整周期。

(1)基准周期是综合考虑设备技术水平、制造质量、运行环境、故障概率、运行经验,以及当前的带电检测手段能够达到的技术水平、必须停电试验的项目等因素,通过专家研究分析确定设备停电试验基本周期。设备检修的基准周期可以根据电力系统的发展、设备技术水平的提高、检测技术的进步等因素进行动态调整。

(2)调整周期是企业计划层针对具体设备的健康状态,在每一次设备状态评价的基础上对设备检修周期的微调。调整周期是针对具体设备根据设备状态进行的一次性调整,是变化的周期。例如,企业确定的基准周期是四年,某设备三年的状态评价结果均为良好,则第四年可以不安排检修,但如果第四年的评价结果还是良好,第五年必须安排检修。调整周期必须限定在一个规定的期限内,在一个周期内只允许延长一次,以免由于长期得不到最新试验数据而造成状态评价不准确。

参 考 文 献

[1] 陈安伟.输变电设备状态检修[M].北京:中国电力出版社,2012.

[2] 李景禄,李青山,等.电力系统状态检修技术[M].北京:中国水利水电出版社,2012.

[3] 周卫华.输变电设备状态检修试验技术[M].北京:中国电力出版社,2015.